3岁前吃对食物，孩子一生好体质

用心做好每一餐饭，让孩子不挑食、不过敏、不生病

3岁前吃对食物，孩子一生好体质

北京儿童医院

儿童保健中心　主任医师

张峰 著

江苏凤凰科学技术出版社

目录 CONTENTS

科学喂养，奠定宝宝一生好体质

对现代家庭而言，新生儿的降生给每一位父母都带来从未有过的幸福和喜悦，而宝贝的健康成长则成为家人们的最大诉求。

很多家长认为儿童保健科只是一个给宝宝打疫苗、做身体检查、提供体检报告的地方。其实在日常的门诊中，儿童保健医生还肩负着很多重要的其他工作，比如对宝宝的神经心理发育水平进行综合而科学的评估、对家长进行小儿常见疾病预防和宝宝科学喂养的指导等。

说到宝宝的科学喂养，国内外的医学及营养学的专家们一致认为：人类产生疾病的第一原因，或者说至少90%以上的疾病是由饮食结构不合理造成的。我们都知道，宝宝的体质一部分取决于先天禀赋，但是后天的调养同样起着至关重要的作用，其中又以饮食的营养最为关键。可以说婴幼儿时期良好的营养，能够奠定孩子一生的好体质，还可以有效地预防很多成年期慢性疾病的发生。

有些宝宝先天体质良好，但因为后天的喂养不当使体质变弱，这在门诊中有大量的案例。有的是因为老人对宝宝过度关爱，在饮食上只给宝宝吃他们认为最好的食物，而没有去考虑这些是不是最适合宝宝的；也有的是因为父母的科学饮食知识匮乏，没有树立良好的饮食习惯，逐渐让宝宝的肠胃不堪重负，从而阻碍了宝宝的健康成长，甚至造成过敏、鼻炎、哮喘、呕吐、腹泻等各种疾病，使宝宝的免疫力不断下降。当然也有很多宝宝先天条件不足，比如早产的宝宝在婴儿期容易患病，但是经过后天的科学护理、膳食调养，同样可以变得体格强壮。

儿童保健医生经常跟家长强调：爱孩子就要了解孩子。0～3岁是孩子生长发育最快速的阶段，对各种营养素的需求都比成年人高，但是这个阶段又是身体各种机能尚未发育成熟的阶段，宝宝的胃容量很小，肠道的消化吸收能力也比较差。同时每个宝宝之间都存在个体差异，完全复制别人家宝宝的喂养方式也是不科学的，需要遵循个体化的原则。

家长应了解宝宝每一个阶段生长发育的特点，以及对营养物质的需求。比如宝宝在5个月和1岁时的体重分别是出生时体重的2倍和3倍，这时随着体重的增加，血容量也会增加，因此6个月后要及时给宝宝补铁；4～10个月是宝宝牙齿萌出的时间段，这时则需要关注宝宝是否需要额外补钙。如何补充这些营养素，如何从食物中获取，怎样补充才能做到最有效的吸收……这些知识都是父母需要掌握的，在宝宝成长的每个时期，给予他最合理的营养补充，才能为宝宝的好体质打下坚实的基础。

我也经常遇到父母跟我抱怨宝宝挑食严重或者进食太少，所以在掌握如何给宝宝合理补充营养素的前提下，还要学会为宝宝精心搭配每一餐。任何年龄段的宝宝都需要遵循平衡膳食的原则，父母们要掌握粗细粮的搭配、荤素的搭配，甚至色彩的搭配等，我想，这些不仅仅需要对宝宝有足够的爱，还需要做到足够用心。

针对宝宝每个阶段的身体发育特点和营养需求合理搭配膳食，是为宝宝好体质打下基础的第一步，也是最重要的一步。本书内容浅显易懂，适合每一位新手父母，它告诉大家不同体质的宝宝适合吃什么食物、怎么吃可以使小儿常见疾病尽早康复、在宝宝每个发育阶段都应该注意什么问题。要知道在宝宝成长的道路上，科学喂养的知识浩瀚如海，希望本书可以让新手父母不再迷茫，找到方向。

张峰

2016年3月1日

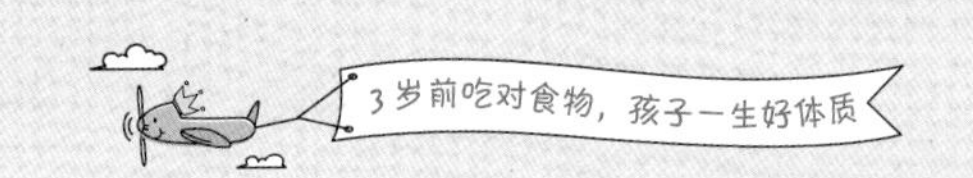
3岁前吃对食物，孩子一生好体质

吃得好，宝宝才能身体好

01 母乳喂养：世间最好的爱

母乳是最佳食物

母乳含有丰富的蛋白质、脂肪及各种微量元素，并且比例合理，容易吸收，能完全满足 6 个月以内宝宝生长发育的需要，是宝宝的最佳食物。

很多妈妈担心自己的母乳质量。其实，绝大多数的妈妈都能进行母乳喂养，不能主动放弃；更不能被配方奶粉的广告忽悠，因为再好的配方奶也代替不了母乳。除非因为身体健康的原因实在没奶，才需要给宝宝选择配方奶粉；少奶的话也不要气馁，母乳很神奇，越吸越多。

除了营养丰富，母乳还有以下几个优势：

• 母乳喂养经济方便，并且乳汁安全卫生，温度适宜，完全符合宝宝的需要。

• 母乳中有一种叫作牛磺酸的物质，可使人脑神经细胞的总数增加，从而促进宝宝的脑部发育。

• 妈妈可以将体内的抗体通过乳汁传递给宝宝，从而保护宝宝免受或减轻疾病的侵害。

• 母乳喂养时宝宝在母亲怀中得到爱抚，有利于母婴感情的交流，对宝宝的心理、语言和智力发育有很重要的作用。

• 母乳喂养有利于产妇子宫收缩和身体的恢复。

另外，母乳喂养的妈妈需要注意以下几点：

• 妈妈们一定要保持良好状态、充足的睡眠、丰富的营养，喂乳前要清洁双手和乳头。

• 母乳过程中宝宝和妈妈都要保持舒适的姿势，让宝宝的头和身体在同一直线上，帮助宝宝吸吮和吞咽；喂完奶后抱起宝宝，轻拍其背部 1 ～ 2 分钟，排出宝宝胃内空气，防止吐奶。

• 少带 1 岁以内的宝宝去人多的地方。

5 ~ 6 个月开始为断奶做准备

这个时期的宝宝开始尝试辅食，并开始为断奶做准备。有些宝宝在吃过辅食后发生厌奶现象，拒绝接受母乳。这时候很多妈妈会觉得宝宝喜欢辅食，辅食也能提供丰富的营养，干脆让母乳退居二线。

这种做法很不可取。辅食之所以称为辅食，就是因为它无法代替母乳（或配方奶）的主食地位，仅起到营养辅助作用。

1 岁以内的宝宝，应以奶（母乳或配方奶）作为主食。无论是母乳还是配方奶，都能给宝宝提供高密度的能量，满足其正常生长发育的需要。因此，1 岁以前的宝宝即便偏爱辅食，也不能急于减少奶的摄入量。

Tips

6 个月以前，提倡纯母乳喂养；6 ~ 12 个月，保证每天摄入 600 ~ 800 毫升奶；12 ~ 18 个月，保证每天摄入不少于 400 毫升奶。

如何避免宝宝厌奶？

很多时候宝宝出现厌奶情况，并不是因为他不喜欢母乳或配方奶的味道，也不是母乳或配方奶无法满足他的营养需求，而只是因为他接触了一种新鲜的辅食，发现辅食的味道好，因而本能地产生偏好。

这时父母就应该及时检讨，是否过早地向宝宝辅食中加入了调味品，使辅食味道过甜、过咸，或者使用味精、鸡精、浓汤宝等烹制辅食，让宝宝敏感的味蕾“爱上”了这些新奇的味道，从而拒绝味道寡淡的母乳或配方奶。一旦发现有以上问题，要及时纠正。

另外，每次宝宝饥饿时先喂奶制品，再喂辅食，这样能在一定程度上减轻厌奶。

11 ~ 12 个月开始试着断奶

母乳喂养仍不能停

此阶段对于宝宝来说，母乳仍然是最理想的天然食物。母乳营养丰富而全面，且各类营养素，如钙、蛋白质、维生素A的配比更有利于宝宝消化吸收。母乳中的免疫活性物质，更是再高级的配方奶粉都无法复制的成分，可以保护宝宝免受疾病的侵害。

建议断奶的时间

但在宝宝长到12个月左右时，身体发育较快，需要更加丰富的营养补充进来，而这时母乳的分泌量及营养成分都减少了很多，变成稀薄的奶水，已经不能完全满足宝宝的营养所需。若不及时断奶，宝宝就可能会患上佝偻病、贫血等营养不良性疾病，造成食欲不佳，甚至拒食，出现喂养困难的情况。

母乳喂养的目的在于帮助宝宝健康成长，因此，**何时断奶取决于宝宝的生长发育状况**。父母从宝宝出生时就应该坚持监测他的身高体重增长的速度，绘制生长发育曲线，并根据生长发育曲线调整母乳与辅食的比例。1岁以后，宝宝辅食种类更加丰富，数量更加充足，并且在养成了规律的进食习惯之后，他会逐渐降低对于母乳的依赖。

循序渐进地减少母乳摄入量，观察生长发育曲线，发现并未影响宝宝正常发育时，可以自然离乳。

自然离乳，帮宝宝做好过渡

✿ 科学添加辅食，让宝宝“不饿”

辅食的地位由“辅助”到“主角”，食物种类、数量都要不断增加，并合理搭配。若能按照辅食添加的原则进行喂养，宝宝9个月之后就能吃相当数量的食物，此时即便将母乳的次数减少，也不会严重影响宝宝的生长发育。

到1岁之后，除了食物形态与大人不同，宝宝可以吃大多数种类的食物，且能量供应以一日三餐为主。整个过程辅食提供的营养充足，过渡到自然离乳也就顺理成章。

❀ 自然离乳≠拒绝

有的妈妈为了让宝宝快速离乳，会采取一些方法强行拒绝宝宝对母乳的渴望。比如在乳头上涂辣椒水、清凉油等具有刺激性的东西，或者将宝宝暂时带离妈妈身边。这两种做法都会引起宝宝焦虑、哭闹不安、缺乏安全感，以及对母亲的不信任感，还有可能让宝宝因此拒绝其他食物，造成营养不良。因此，自然离乳绝不等同于强行拒绝。

❀ 不主动喂乳，让宝宝“忘记”

很多时候宝宝吃母乳并非因为饥饿，而是出于对母亲的依赖，是一种寻求爱和安全感的行为。只要让宝宝感到环境很安全，同时让他参与一些有趣的事情，比如玩耍、听音乐等，分散宝宝的注意力，而妈妈也不主动喂乳，很可能宝宝会逐渐忘记吃母乳这件事。

Tips

宝宝在6个月到1岁的阶段添加辅食的时候，可以加一点食用油，用量以每天5～10克为宜，相当于小瓷勺的半勺到一勺的量。

❀ 循序渐进，别太快

宝宝自然离乳的过程需要循序渐进，不能操之过急。比如可以先停止晨起喂乳的习惯，改为给宝宝讲故事、做游戏，度过起床期的哭闹时间。坚持一段时间后停止睡前喂奶的习惯，采用陪伴、抚摸、玩耍等方式哄宝宝入睡，让宝宝慢慢接受离开母乳的生活。这样宝宝就不会产生焦虑、孤独感。

奶香土豆饼

材料：土豆、面粉、牛奶、洋葱、西蓝花各适量。

做法：①土豆煮熟剥皮捣成泥，加面粉、牛奶、洋葱末拌匀，捏成小饼。②锅中放少许油加热后，放小饼两面煎黄。③入盘，西蓝花煮熟，摆盘即可。

解读：土豆味甘、性平，富含维生素、优质纤维、矿物质和微量元素，能够补脾益气，和胃调中。

02 配方奶粉：爱的补充

为宝宝挑选最适合的配方奶粉

我们说母乳是世界上最适合宝宝的完美食物，遗憾的是部分妈妈乳汁产量难以喂饱自家宝贝，这时就需要配方奶粉来帮忙。尽管配方奶粉的成分比例十分接近母乳，但每个宝宝都存在个体差异，如何挑选最适合自家宝贝的配方奶粉就成了“贫乳”妈妈们关心的问题。

按宝宝月龄选择

我国奶粉市场上常将配方奶粉按照其所适合宝宝的月龄进行划分，常见的分法是：1段配方奶粉，0 ~ 6月龄；2段配方奶粉，6 ~ 12月龄；3段配方奶粉，12 ~ 36月龄。但是，不同品牌的分法略有差异，所以说按照月龄选择配方奶粉的标准可能并没有那么精准。

按配方奶粉的基质选择

市场上常见的配方奶粉基质有牛乳、羊乳和豆类。从理论上说，羊乳的营养成分更接近母乳，更有利于宝宝的消化吸收，不过羊乳为基质的配方奶粉可能会有少许腥膻味。豆类基质的配方奶粉因为不含乳糖，更适合乳糖不耐受的宝宝。

按宝宝健康状况选择

除了适合一般健康宝宝食用的配方奶粉之外，还有一类医学配方奶粉，用于满足生理上有特殊缺陷的儿童的营养需求。例如为早产儿研制的添加了铁、牛磺酸和维生素D的配方奶粉，为苯丙酮尿症儿童研制的无苯丙氨酸配方奶粉，适合乳糖不耐受宝宝的无乳糖、低乳糖配方奶粉，以及为蛋白质过敏宝宝开发的部分水解配方奶粉、深度水解配方奶粉和游离氨基酸配方奶粉。

这些特殊的配方奶粉针对宝宝特殊的健康状况，对其中影响宝宝身体健康的营养成分进行了调整，让不适合吃母乳或一般配方奶粉的宝宝也能获得奶类提供的丰富营养。

解决宝宝不爱喝配方奶的问题

配方奶的口感、营养物质配比都与母乳十分接近，因此如果是宝宝开始吃母乳时就同时搭配配方奶，就很少会出现拒绝配方奶的情况。但在10个月以后随着辅食比例的增加，不少宝宝会变得对辅食充满兴趣，从而拒绝配方奶。

先找到宝宝拒绝配方奶的原因

尽管我们提倡母乳喂养，但在母乳不足时，或离乳期，需要配方奶为宝宝提供必要的营养。因此，在探究宝宝拒绝配方奶的原因之前，首先要确定你的宝宝是否确实需要添加配方奶。如果需要，那么宝宝拒绝配方奶的可能原因有以下几种：

• 宝宝已经习惯了母乳，不喜欢配方奶的味道。

• 短时间内更换了配方奶粉的种类或品牌，造成宝宝不适应。

• 宝宝因为讨厌奶嘴或奶瓶而拒绝配方奶。

• 喂养环境的变化也可能引起宝宝的不安，从而拒绝进食配方奶。

花点心思，让宝宝对配方奶重燃激情

如果能准确判断宝宝拒绝配方奶的原因，对症调整，就可以有效地改变现状。若无法清楚地判断原因，则可以尝试以下方法：

• 换一种品牌的配方奶粉，并试着将配方奶调稀一些。

• 多尝试不同的奶瓶和奶嘴，让宝宝选择自己喜欢的奶瓶和奶嘴喝配方奶。

• 宝宝饥饿时，先喂配方奶，再喂辅食，让宝宝接受配方奶是主要食物这一事实。

• 不强迫宝宝喝下他拒绝的配方奶，而是逐次尝试，由少到多。

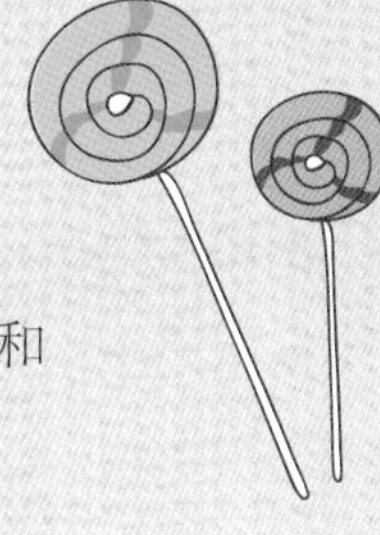

对于那些无论如何都无法接受配方奶的宝宝，无论是采取“母乳 + 辅食”的喂法，还是纯粹辅食喂养，都要保证其辅食种类和数量丰富，能提供充足的营养，不会影响宝宝的生长发育。

03 辅食：用爱做好宝宝的每一餐饭

辅食是重要的营养补充

宝宝从满6个月开始，光吃母乳或配方奶已经无法满足全部营养需求，所以这段时间，除了继续喂母乳或配方奶之外，还需要喂给宝宝一些奶以外的食物，这就是我们所说的辅食。辅食包括米粉、泥糊状食物以及其他的一些自制食物。

添加辅食对宝宝的帮助主要有以下几个方面：

✿ 培养宝宝的味觉习惯

宝宝4～6个月时是味觉发育的关键期。如果在这个时期让宝宝尝试各种食物的味道，以后他就会乐于接受各种食物。如果此阶段接受的食物比较单一，宝宝的味觉发育就可能不够发达，这样他以后接触到从未体验过的食品及其味道，就会有抗拒心理了。

✿ 训练宝宝的咀嚼与吞咽能力

7～9个月是宝宝发展咀嚼和吞咽技巧的关键期，一旦错过此时机，宝宝就会失去学习的兴趣，日后再加以训练往往会事倍功半，而且技巧也会不够纯熟，往往嚼两三下就吞下去。逐渐增加辅食是宝宝锻炼吞咽和咀嚼能力的最好办法。

✿ 促进宝宝牙齿的发育

适时添加或改变辅食状态能够为宝宝牙齿萌出、生长提供足够的营养，而牙齿的萌出又能帮助宝宝更好地咀嚼，更好地吸收和利用辅食的营养。

✿ 促进宝宝语言能力的发育

添加辅食对宝宝的智力发育，特别是语言能力发育非常有帮助。因为不同硬度、不同形状和大小的食物可以训练宝宝的舌头、牙齿以及口腔之间的配合，能促进口腔功能、特别是舌头的发育，使表达语言的"硬件设备"趋于成熟。

✿ 促进宝宝肠道的发育

宝宝吃进去的食物在经过口腔的咀嚼和胃的初步消化后，要在肠道内进行再次消化。肠道将食物分解成各种营养素，配送到宝宝身体各处，对他的成长起着至关重要的作用。

✿ 学习成人的饮食方式

喂宝宝吃辅食，不但可以让他尝试不同的口味，逐渐接受母乳或配方奶以外的食物，更是为日后宝宝断奶做准备，帮助宝宝练习告别吸吮期、学习大人的饮食方式。

添加辅食的时间

喂养孩子是一项既考验耐心，又考验科学喂养知识的艰巨任务。很多新手妈妈都会面临这样的疑惑：宝宝到了添加辅食的月龄，应该喂他哪种食物呢？吃买来的好，还是自家做的好？

要探讨这个问题，我们需要先明确婴幼儿辅食添加的最佳时间。事实上，对于这个问题，**只有最佳建议，没有硬性规定。**

营养学建议辅食添加应该从 6 个月开始，但添加辅食的时机既要考虑宝宝是否达到适当月龄，更要仔细评估宝宝的身体发育状况、对辅食的接受能力，以及对大人吃饭是否产生关注。

通过记录宝宝体重增长数据，可以得知其身体的发育状况。若宝宝出现以下几种情况，基本上就该添加辅食了：

• 宝宝近期体重增长偏缓，而又不是因为疾病，可能就提示家长应该开始添加辅食了。

• 在大人吃饭时，宝宝表现出注视、吞咽、流口水等动作，表明宝宝已经对吃饭产生兴趣。

• 宝宝的肠胃状况和吞咽能力都比较好，添加辅食后没有便秘、腹泻等情况，吞咽食物也比较顺利。

• 每天母乳喂养 8 ~ 10 次以上或配方奶已摄入 1000 毫升，宝宝仍会因饥饿而哭闹。

• 宝宝已到 4 ~ 6 个月。

根据以上几个方面的评估结果，妈妈们可以更好地决定是否开始添加辅食。

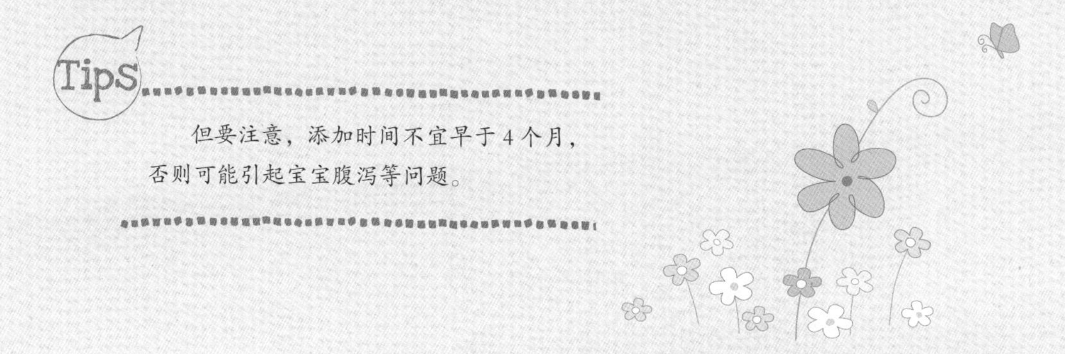

Tips

但要注意，添加时间不宜早于 4 个月，否则可能引起宝宝腹泻等问题。

辅食的质地

辅食的质地要根据宝宝口腔和肠胃的发展程度循序渐进地进行改变，一般顺序是由液体到泥糊，再到固体。在这个过程中，既要保护好宝宝娇嫩的器官，又要起到锻炼咀嚼和消化能力的作用。

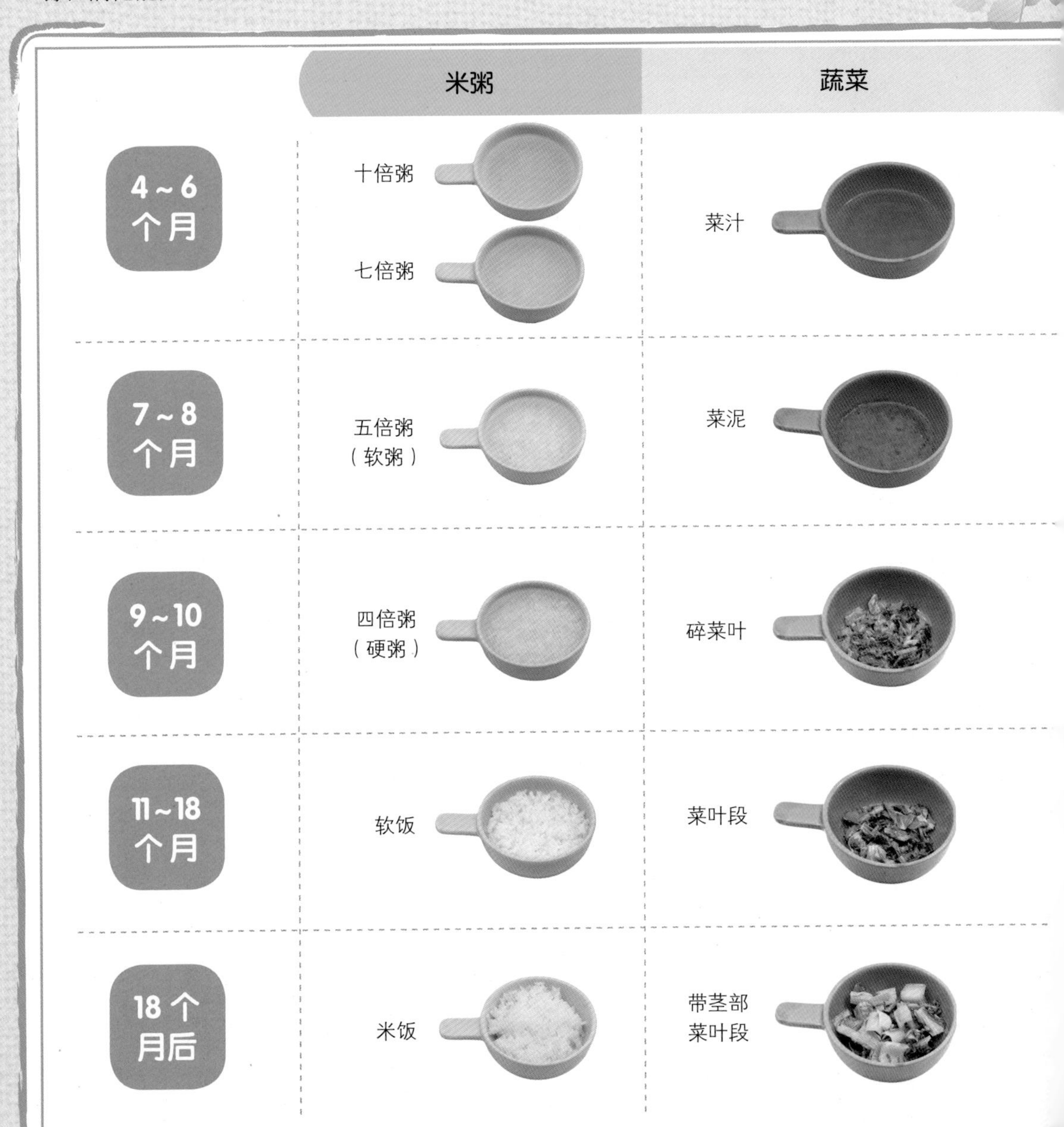

	米粥	蔬菜
4～6个月	十倍粥 七倍粥	菜汁
7～8个月	五倍粥（软粥）	菜泥
9～10个月	四倍粥（硬粥）	碎菜叶
11～18个月	软饭	菜叶段
18个月后	米饭	带茎部菜叶段

面条	杂粮粥	南瓜
✕	米汤	柔滑泥糊
✕	米糊	稍厚泥糊
稀烂面条	稀粥	软碎块
小段面条	稠粥	小软块
大段面条	软饭	大软块

辅食的制作

“工欲善其事，必先利其器。”要给宝宝做出合适质地的辅食，需要准备一系列制作辅食的工具。宝宝辅食套装主要包括以下几个部分：

滤网

滤网可以用来过滤米糊、蔬果泥、肉末等食物，将颗粒较大、不宜于宝宝消化的部分过滤掉。

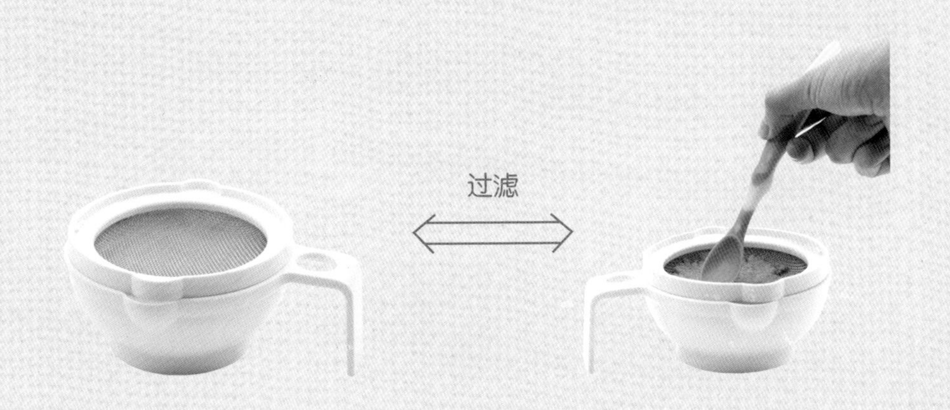

研磨器

研磨器适合于研磨比较坚硬的蔬菜和水果，例如胡萝卜、黄瓜、苹果、梨等。蔬菜和水果洗干净去皮后，可以直接放在其中研磨成丝状或细末。

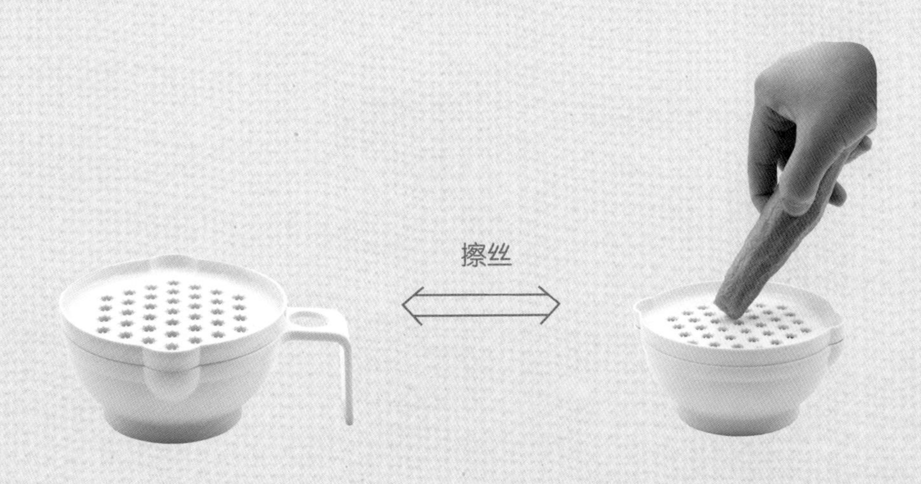

研磨钵＋研磨棒

这套工具可以用来捣碎或研磨食物。

榨汁器

榨汁器主要用来给水果榨汁。

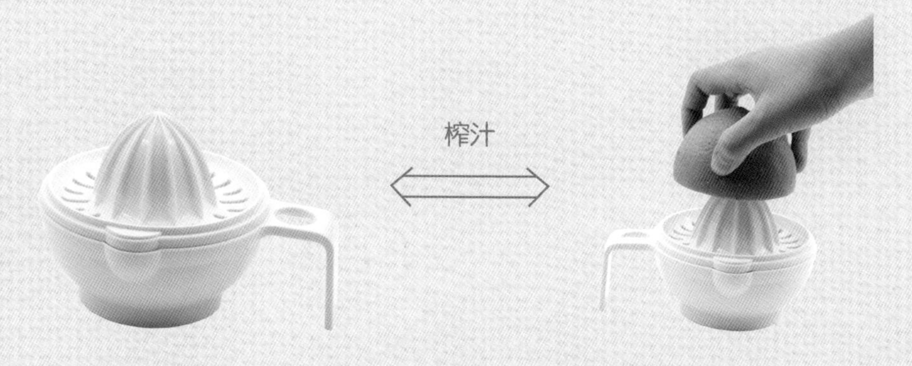

为宝宝制作辅食的工具要注意定时清洗、消毒，以确保卫生，防止细菌滋生。

04 餐具：选得对才能吃得好

让宝宝独立吃饭，迈出成长第一步

宝宝进入10个月后，乳牙已经逐渐萌出，有了强烈的自主进食意愿，部分宝宝还会表现出拒绝父母帮助，独立行动的趋势。这时，家长不妨放开手，让宝宝尝试用小勺、小碗自主进食，这对于锻炼宝宝的手眼协调能力以及进食习惯都有很重要的意义。

这些现象提示宝宝可以自主进食了

自打宝宝开始接触辅食，父母就应当留心观察，准备培养宝宝自主进食的意愿和能力。一般来说，以下现象提示父母可以教宝宝自己吃饭了：

- 宝宝喜欢用手抓饭菜，或试图抢大人的餐具。
- 宝宝学会用小杯子喝水，挥舞自己的小碗、小勺，想要参与到大人吃饭活动中。
- 当勺子里的饭要掉下来时，宝宝会主动去舔勺子。

宝宝学吃饭，妈妈掌握帮的分寸

宝宝开始学习自己吃饭时，妈妈千万不能因为怕麻烦、怕弄脏衣服或怕宝宝吃饭捣乱耽误时间，而剥夺了他学习的机会。应当拿出十二分的耐心，支持宝宝迈出独立的第一步。你可以从以下几个方面帮助宝宝：

给宝宝准备专用的餐具和座椅，营造良好的进餐环境。同时确保宝宝吃饭时周围没有噪音和其他容易吸引注意力的事物。

给宝宝做些能够用手指捏着吃的食物。如小饼干或蔬菜条，教宝宝用拇指、食指准确地拿起食物，为宝宝日后使用小勺、筷子打下基础。同时也有利于培养宝宝自信心，鼓励宝宝继续学习。

宝宝自己吃，妈妈还得喂。由于宝宝刚开始学习吃饭，还没有能力将自己喂饱，因此仍然需要妈妈喂食。而且，在这个过程中，宝宝会跟妈妈互动，学习妈妈的吃饭技巧。

不责备、不催促，让宝宝尽情“玩耍”。宝宝尝试自己独立完成吃饭这件事，也许速度很慢，也许将饭菜撒得到处都是，但他是在学习和成长，要有耐心。

儿童餐椅：宝宝的专属领地

儿童餐椅不仅会帮助宝宝养成坐餐椅吃饭的习惯，还可以让宝宝坐在适合自己的椅子里，纠正坐姿，不会因为坐不稳而东倒西歪，双手可以解放出来自己抓握餐具，锻炼手、眼、脑的协调配合能力。

从小培养坐在餐椅里进餐的习惯，会让宝宝更加认真地去吃饭，注意力也会更集中，不会造成家长追在宝宝后边喂饭的局面，某种意义上说，也能让家长在宝宝吃饭这个环节变得更加轻松一些。

市面上的餐椅五花八门，每个家庭也有自己的选择标准。我们来总结一下选购餐椅需要注意的几点：

• 儿童餐椅的安全性，产品表面一定要光滑无毛刺，没有尖锐的部位。

• 一般餐椅都是带餐台的，所以要求餐椅的每个部件要牢固稳定，底座大一些，不会摇摇晃晃，避免好动的宝宝摔倒。

• 材质一定要环保，不管是实木型还是塑料餐椅，要求一定没有异味，否则刺激性味道会对宝宝的身体造成损伤。

• 如果家庭空间比较小，可以选择可折叠的餐椅，但需要注意折叠部位要有保护措施，避免夹伤宝宝。

• 要考虑到宝宝的舒适度，最好挑选高度可调节的餐椅，因为宝宝在三岁前发育很快，要让宝宝能根据身高自由调整座椅，让宝宝的前后伸展自如。

• 如果餐台的托盘等配件是塑料制品，应选择无毒塑料，而且热水刷洗后不会变形。

• 选择经济耐用、信誉卓著、有完善售后服务的品牌，除了对消费者较有保障外，更可以让孩子获得安全舒适的就餐品质，且使用期限长，更符合经济效益。

勺子：接触食物的最早工具

5～9个月之间是宝宝手部抓握能力的发展期，也是让宝宝开始学习正确掌握餐具的最好时机。同时这个阶段也是宝宝接触辅食最丰富的时期，对母乳或配方奶之外的所有食物充满好奇。用勺子品尝新鲜的食物，让宝宝感到新奇又有乐趣。

训练宝宝使用小勺子，不但可以满足小手的探索欲望，还可以锻炼肩膀、胳膊、手掌、手指等部位的肌肉运动，加强精细动作的协调性，促进大脑的发育。为了能使宝宝顺利地添加辅食，吃上糊状或固体食物，让宝宝习惯和熟悉勺子是很重要的。

家长们可以根据宝宝的年龄来选择勺子：

4～12个月：硅胶制成的勺子。柔软、安全、环保，不伤害宝宝娇嫩的口腔，也适合刚出牙的宝宝对勺子的啃咬。

1～2岁：安全塑料的勺子。造型多样化，色彩丰富，方便宝宝抓握。

2岁以后：手柄是塑料、勺头是不锈钢的勺子。有一定重量感的勺子能帮助宝宝更好地锻炼手部力量。

另外，在选购勺子上家长还需要注意几点：

• 勺子的造型各异，如果喂宝宝米粉等糊状物，建议选用圆形勺头；如果喂水，可选用椭圆形勺头，方便送入宝宝口中。勺头造型要厚实一些，太过单薄容易划伤宝宝口腔。

• 如果选用塑料勺子，建议选用材质环保的正规品牌，同时要定时更换。木质餐勺容易滋生细菌，所以清洗要彻底。另外，表面涂层成分复杂，要注意材质环保。

• 除普通功能外的勺子，父母还可以选择带感温功能的勺子。食物超过40摄氏度，勺子会变色，可以有效地保护宝宝敏感脆弱的口腔。

勺子虽小，却在宝宝的生活中扮演着很重要的角色，喂水时用它，喂药时用它，喂饭时也用它，那么给宝宝选一款合适的勺子就显得尤为重要了，妈妈们一定要多用心。

筷子：锻炼手眼协调的工具

三四岁的宝宝，有的两岁的宝宝手指的发育已经较为成熟，手的动作比较灵活，已经具备使用筷子的条件。这个时期的宝宝已经基本不用家长喂饭，能自己用勺子吃饭了，但是筷子和勺子的使用方法差异很大。

用筷子夹食物是一种复杂、精细的动作，使用筷子可涉及30多个大小关节。对宝宝来说，一日三餐使用筷子不但是一个很好的锻炼手指运动的机会，而且有助于促进神经发育。

在宝宝学习使用筷子的过程中，家长该如何进行帮助呢？

家长要对宝宝的失误有耐心

宝宝初次使用筷子时，可能会把饭菜弄得到处都是，甚至饭没吃多少，筷子却落地多次。这时家长要有耐心，千万不要嫌宝宝吃饭慢，或把桌子、地上弄脏了而责怪宝宝。因为两三岁宝宝的积极性和自尊心很容易受到伤害，这样就会使他排斥使用筷子进食。

家长以身作则，适当引导宝宝使用筷子

如果宝宝对使用筷子不感兴趣，家长也不要过于着急，强硬地让宝宝使用筷子会影响宝宝的情绪和进食质量。宝宝随着年龄的增长，模仿能力也会增强，只要家长以身作则，对宝宝进行适当的引导，他就会主动地去学习使用筷子。

循序渐进地改正宝宝拿筷子的姿势

宝宝拿筷子的姿势是个逐渐改正的过程，家长不必强求宝宝一定要按照自己用筷子的姿势来使用筷子，可以让宝宝自己去摸索。随着年龄的增长，宝宝拿筷子的姿势会越来越准确。

对宝宝少责怪，多鼓励

宝宝初学用筷子的时候，家长应该让宝宝先夹一些较大的、容易夹起的食物。即使中途掉下来，家长也不要责怪，应给予鼓励和支持，这样宝宝才能更有信心，尽快地学会使用筷子。

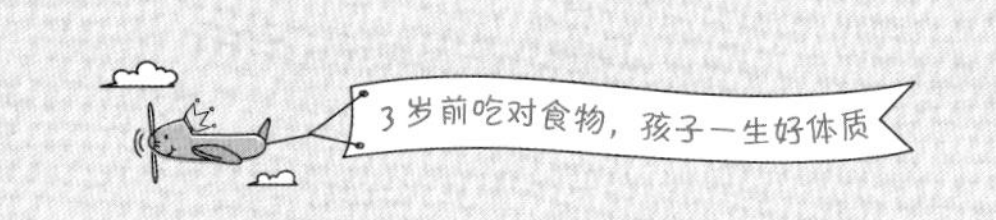
3岁前吃对食物，孩子一生好体质

孕期这样吃，身体底子打得牢

01 宝宝最初的营养，由妈妈决定

生命初始阶段的营养很关键

宝宝从最初的受精卵发育到成熟的胎儿，需要不断地从母体中获取营养物质。母亲的营养摄入既要维持母体正常的新陈代谢，又要满足宝宝生长发育的需求，还要为顺利地生产以及日后的哺乳做好准备，因此，孕妈妈要有质量地去摄取食物。

营养过剩会使孕妈妈体重飙升，增加妊娠糖尿病的发生率，也会带来胎儿过大、分娩困难、产后出血等危险。

反之，孕妇营养不良不仅会影响胎儿的发育，也会影响出生后婴儿的体质和智力发育，还会导致孕妇贫血、妊娠高血压、死产、流产、胎膜早破、宫缩乏力等问题。

妊娠期间充分合理的营养将直接影响胎儿的发育，主要表现在三个方面：一般发育、脑发育和胎盘发育。所以，每对夫妇及其家庭成员都应该充分认识孕期营养的重要性，为孕妇制订一个良好的营养计划，合理地为孕妇安排饮食。

怀孕 0 ~ 3 个月

孕早期的胎宝宝能量需求较低，此时孕妈妈无论是体型还是体重都与孕前没有什么明显的差异，因此能量的补充也与怀孕前没有太大的不同，只需要保证丰富的维生素和矿物质来源即可。

这个阶段需要特别注意补充的营养物质是叶酸。妊娠期前 4 周是胎儿神经管分化和形成的重要时期，叶酸的缺乏会增加胎儿发生神经管畸形的概率，甚至有早产的危险。

这个阶段的孕妈妈要尽可能地多吃一些富含叶酸的食物，比如动物肝脏、深绿色蔬菜以及豆类等。

妊娠反应严重，可以试试这样吃：

★ 灵活安排饮食时间，选择在呕吐不严重时进餐，以保证身体摄入足够的营养。

★ 食物口味方面应以清淡、新鲜为主，减少加工食品、烧烤、油炸食品的摄入。

★ 保证主食的摄入。如果孕妈妈不能摄取足够的碳水化合物，身体将调动脂肪以产生能量，而脂肪分解代谢的产物是酮体，酮体可通过胎盘进入胎儿体内，影响胎儿的大脑发育。

★ 每天一小杯生姜韭菜生菜汁，可以有效缓解孕早期的晨吐现象。

专家推荐

五彩过桥米线

材料：米线、胡萝卜、黄瓜、金针菇、虾肉、猪肉各适量，鸡蛋一个，鸡汤一碗。

做法：①米线提前用温水泡软，鸡汤提前熬制出来。②各种食材备好后，把鸡汤放入锅中大火煮开。③依次放入鸡蛋、猪肉、虾肉、胡萝卜、黄瓜、金针菇、米线。

解读：米线本身含有丰富的碳水化合物、维生素、矿物质等，配合丰富的蔬菜以及虾肉和猪肉，能够为孕早期的妈妈提供全面的营养。

怀孕 4 ~ 6 个月

此时进入胎儿迅速发展的阶段，孕妈妈要保证优质蛋白、碳水化合物、B 族维生素和钙质的补充，**特别要注意补充铁元素。**

补充铁元素，一方面是为了增加孕期的血容量，另一方面是为宝宝的生长发育储存铁，以备他出生后 1 ~ 4 个月的使用。

为了使孕妇体内储备足够的铁，不光要常摄入动物血、肝脏、瘦肉等富含血红素铁的食物，还要注意摄入足量的新鲜蔬果。这是因为，新鲜蔬果中的维生素 C 能有效促进铁的吸收利用。

胎儿的脑组织从第 20 周左右开始加速分裂，在这个过程中，对构成脑细胞的重要物质基础——二十二碳六烯酸的需求量明显增加。深海鱼中富含胎儿大脑发育所需的脂肪酸，孕妈妈不妨每周安排食用 2 ~ 3 次。

此时孕妈妈的胃口渐渐恢复，应在孕早期的基础上保证深海鱼、瘦肉、蛋类、豆制品、奶类的摄入，为胎宝宝的身体发育提供充足的营养。为了防止体重增加过快，应控制甜食和油炸食品的摄入。

专家推荐

香菇鸡爪脊骨汤

材料：猪脊骨、鸡爪、香菇各适量。

做法：①鸡爪、猪脊骨洗净，汆烫后冲洗备用。香菇洗净，浸泡 15 分钟。②锅中加适量水，放入所有材料，大火煮开后转小火煮 3 小时。③出锅前加盐调味即可。

解读：猪脊骨中含有骨髓，可以补脾气、提亮肤色。孕妇多吃香菇不仅能补充蛋白质和各种维生素，还能帮助促进消化、预防感冒，增加孕妈妈们的防癌能力，帮助对抗各种疾病。

怀孕7个月～分娩前

此时为胎宝宝大脑形成的关键期，也是胎儿发育最快的阶段，孕妈妈的体重也会迅速上升。蛋白质、铁、钙的补充是这个阶段的关键。

怀孕7个月起，胎儿的骨骼开始钙化。如果孕期不注重补钙，不但会影响宝宝骨骼的发育，还会使妈妈的骨骼密度比同龄人低，形成骨质疏松的隐患，同时也增加妊娠期糖尿病的风险。

孕妈妈应坚持每天至少摄入250毫升的牛奶，或饮用500毫升的脱脂奶，以满足钙的需求。

Tips

很多孕妇担心食用深海鱼会汞中毒，所以购买时要保证食品来源的安全性，每周食用2～3次即可。

专家推荐

鳕鱼炖豆腐

材料：鳕鱼、豆腐、洋葱各适量。

做法：①将番茄酱、葱末、蒜末混合，加少许水调匀。豆腐切块，鳕鱼切段，洋葱切丝。②锅内倒油，下葱末炒香，将鳕鱼煎炒至变色，倒入热水没过鳕鱼，大火煮开。撇去浮沫，倒入生抽，放入姜片，转中小火。③锅内放入豆腐，稍煮会儿后放入洋葱丝，倒入调好的混合酱料，小火煮开至豆腐入味，出锅前撒上切碎的香菜末即可。

解读：鳕鱼肉味甘美、营养丰富，除了富含普通鱼油所具有的DHA、DPA外，还含有多种人体必需的维生素。豆腐含丰富的蛋白质，为清热养生食品。

别让宝宝挑食的习惯在子宫里养成

胎宝宝每天浸泡在羊水中，通过脐带从妈妈身体中获得营养物质。胎儿每天会吞咽大量的羊水，通过这种途径他可以接触到羊水中各种物质的味道，如糖、氨基酸、蛋白质和盐分。羊水的味道会随着母亲每天所吃食物的不同发生改变，就是在这个过程中，胎宝宝有了最初的味觉体验。

孕妈妈一定要记得，如果你在孕期对很多食物表示抗拒，宝宝出生后不喜欢这种食物的概率也会大大增加。因为宝宝在妈妈肚子里的时候，就通过羊水感知到了他们最熟悉的“妈妈的味道”。

为了给宝宝打下一个不挑食的好基础，孕妈妈们首先要做到孕期不挑食，坚决不做以下几类孕妈妈：

❀ 不吃米饭的孕妈妈

主食可以提供大部分能量、B 族维生素和膳食纤维，不吃主食会导致胎儿发育缓慢。如果妈妈在孕期对常吃的主食，尤其是米饭没有胃口，家人不妨把它稍加改良，做成孕妈妈更容易接受的口味。

专家推荐

豌豆饭

材料： 大米、豌豆、香菇、培根、玉米粒、胡萝卜各适量。

做法： ①豌豆洗净，香菇、胡萝卜切丁，培根切成小片。②大米淘净后，放入电饭煲内蒸熟。③在蒸米饭的同时，将锅置火上，倒入少许油，将培根、豌豆、胡萝卜丁、香菇丁放入锅内翻炒片刻，撒入少许盐，出锅。④将电饭锅打开，倒入炒熟的菜，进行搅拌，再盖上盖子焖 5 分钟即可。

解读： 豌豆的养生功效相当不错，它富含人体所需的各种营养物质，尤其是含有优质蛋白质，可以提高机体的抗病能力和康复能力。这道豌豆饭健脾益胃，咸香可口，非常适合孕妇食用。

只吃肉不吃蔬菜的孕妈妈

大部分的孕妈妈在孕期，尤其是孕中期都会胃口大开，所以有些人几乎天天是大鱼大肉，这种情况往往会导致孕妇体重超标，胎儿反而营养不良。

孕妇每天需要动物蛋白 45 克左右，这些蛋白可以从肉类、蛋类、牛奶中摄取。建议每天吃一次肉类食物，最好放在午餐的时间来吃，肉量 200 克左右为宜，不应过量。

素食孕妈妈

很多素食孕妈妈终日与水果蔬菜为伴，但是素食并不能供给胎儿所需要的全部营养，尤其是动物蛋白。建议素食妈妈在孕期进行荤素搭配，比例可以为 7:3，即素 7 荤 3。

专家推荐

卤白菜卷

材料：猪肉、白菜、胡萝卜、香菇各适量。

做法：①猪肉加调料卤熟，加入切碎的胡萝卜和香菇，再加少许盐、白胡椒粉、香油、葱姜末、淀粉拌匀成馅。②白菜去掉菜帮留叶，用开水烫软后放入冷水中过凉备用。③将白菜叶摊开，取适量肉馅放在白菜叶靠近身体一端的中间，再将两边的菜叶向中间折起，然后继续向前方卷起，最后用牙签固定接缝处。④卤汤烧开，放入白菜卷小火煮 15 分钟，捞出摆盘即可。

解读：将蔬菜、豆制品与肉类一同烹调，让素菜“借到”肉味，同时丰富肉菜的口感。卤汤中已经加盐，所以在拌肉馅时最好少放调料。

酸甜圆白菜

材料：圆白菜、黄瓜、梨各适量。

做法：①圆白菜去除外层老叶，洗净，放入沸水中焯一下，过凉水，撕片备用。②黄瓜洗净切片，梨去皮去核，切片。③将圆白菜片、黄瓜片、梨片盛盘，加入少许白糖、白醋、盐，拌匀即可。

解读：圆白菜富含维生素 C，而梨或苹果中的果酸能够很好地保护维生素 C。

宝宝生长需要的关键营养物质

我们都知道，在孕期应该多吃一些有营养的东西，但是胎儿成长需要的营养物质有哪些呢？下面我们就逐一为孕妈妈们进行介绍。

营养物质	DHA	蛋白质	铁
主要功能	DHA 是大脑中的重要脂类物质，可达到大脑中脂肪总量的 35% ~ 45%，对促进宝宝智力的发育和视觉功能的强化具有关键性作用。但是 DHA 几乎不能在人体中合成，只能通过外部补充的方式获得	蛋白质是构成生命的物质基础，也是构成各种细胞的重要原料。蛋白质的充足储存能促进胎儿中枢神经系统的发育，能够提高孕妈妈和胎儿的免疫力，还可以为产后乳汁的分泌做好准备	铁是构成血红素的重要成分，关系着胎儿的发育和妈妈体质的增强。缺铁的孕妈妈经常出现心慌气短、头晕、乏力等症状，严重时会导致胎儿宫内缺氧，生长发育迟缓，还会影响到胎儿免疫系统的发育
富含该物质的食材	鱼类、干果类、藻类	肉类、鱼类、蛋、牛奶、大豆类制品等	红肉、内脏、动物血、黑木耳、红枣
推荐营养食谱	海苔坚果小银鱼	茄汁龙利鱼	荸荠炒猪肝

海苔坚果小银鱼

材料： 海苔、花生、核桃、小银鱼、蜂蜜各适量。

做法： ①花生、核桃炒香，海苔丝放入微波炉高火加热 20 秒。②锅中放少许食用油，将小银鱼倒入锅内小火煸炒成干。③放入烤熟的花生米、核桃仁，挤入约 1 汤匙蜂蜜。④用铲子翻炒约 1 分钟，使所有的食材被蜂蜜包裹，倒入海苔丝。

解读： 花生、核桃都是营养丰富的坚果，是孕妈妈补脑的优质零食。小银鱼口感细嫩，可连骨食用，更可补充钙质。海苔中含有丰富的钙、铁元素，可预防贫血。

钙	叶酸	维生素 A	维生素 D
进入孕中期后，胎儿发育开始加速，骨骼开始钙化，如果孕妈妈钙摄入量不足，会首先动用自己身体中的钙来保证胎儿的需求，这就可能导致孕妈妈骨骼和牙齿脱钙，引起一系列病症	胎儿 DNA 的合成，胎盘、母体组织和红细胞的增加都需要叶酸。孕早期是胎儿神经管分化的关键期，叶酸的缺乏会增加胎儿神经管畸形的危险	维生素 A 有助于细胞的增殖和生长，能提升身体的免疫力。维生素 A 为脂溶性维生素，过量服用易导致中毒，主要依靠食物而非制剂	维生素 D 与人体钙质代谢密切相关，因此维生素 D 的缺乏不利于胎儿的骨骼发育，也可能导致新生宝宝患低钙血症
奶及奶制品、豆腐、芝麻酱、绿叶蔬菜、虾皮、海带、坚果	动物肝脏、韭菜、茴香、菠菜、黄豆	动物肝脏、胡萝卜、蛋黄、绿叶蔬菜、橙黄色蔬菜	鱼肝油、蛋黄、牛奶、肝
味噌汤	芥末菠菜	荷塘小炒	柠檬蛋黄酱

茄汁龙利鱼

材料： 龙利鱼、番茄、莴笋各适量。

做法： ①龙利鱼洗净斜切成厚约 1 厘米的片，加入姜片、少许盐、干淀粉，抓匀腌制 5 分钟。②锅内加水和姜片，加热至略有气泡，将鱼片逐一放入水中烫至发白，轻捞出，控干水分。③另备一锅，加入少许油，放入姜片、番茄酱炒香，放入糖和盐调味，加莴笋片略炒匀。④倒入龙利鱼片，轻轻翻炒，用少许水淀粉把汤汁略收浓。

解读： 鱼肉口感细嫩爽滑，所含的蛋白质、纤维细嫩易消化，脂肪含量低于其他肉类，是孕期不可错过的营养美味。每周两次，每次手掌大小的深海鱼肉就可为胎宝宝和孕妈妈提供充足的 DHA。

荸荠炒猪肝

材料： 荸荠、猪肝各适量。

做法： ①荸荠洗净，去皮后切成片。猪肝切片，放入碗中，加入盐、酱油、淀粉抓匀上浆。②锅内放油烧热，先倒入猪肝，炒至刚断生，速下荸荠片和葱段翻炒。③炒至八分熟时调入少许精盐炒匀，起锅装盘即可。

解读： 猪肝含有丰富的营养物质，具有营养保健功能，也可以补血。孕期吃猪肝一定要注意卫生，保证清洗干净，猪肝要熟透。

味噌汤

材料： 豆腐、裙带菜、金针菇各适量。

做法： ①豆腐切块，裙带菜切片，金针菇切去根部。②锅中倒水烧开，水开后加入裙带菜和豆腐块煮5分钟，加入味噌搅匀，再放入金针菇煮1分钟，放盐调味即可。

解读： 这道味噌汤里面的豆腐、裙带菜、金针菇都是营养丰富又味道鲜美的食材，而主要的调料味噌含有丰富的蛋白质、氨基酸和食物纤维。

芥末菠菜

材料： 菠菜、白芝麻、芥末酱各适量。

做法： ①菠菜洗净，用开水焯烫，过凉，切小段。②将切好的菠菜放入盆中，加入少许盐、芥末酱、香油拌匀。③扣在盘中，撒上白芝麻即可。

解读： 菠菜中含有大量抗氧化剂，具有促进培养细胞增强的作用。用热水炒一下，可以有效去除草酸。

荷塘小炒

材料： 莲藕、胡萝卜、木耳、百合、西芹各适量。

做法： ①莲藕去皮切薄片，木耳撕小朵，百合掰成小瓣，胡萝卜切片，西芹去叶切小段。②锅中倒水烧开，加少许油和盐，依次放入胡萝卜片、西芹段、莲藕片、百合和木耳，迅速焯烫一下，捞出过凉水，沥干。③锅中倒油烧至七成热，放入蒜片炒香，然后将所有材料一起放入锅中，快速翻炒2分钟，加盐调味，再用水淀粉勾芡即可。

解读： 鲜藕里含有大量碳水化合物、蛋白质，以及各种维生素和矿物质，整道菜不仅营养丰富，而且颜色的搭配也非常讲究，适合孕妈妈们享用。

柠檬蛋黄酱

材料： 柠檬、鸡蛋各适量。

做法： ①4个蛋黄打散，加砂糖，倒入柠檬汁、黄油，在锅里煮。一直不停搅拌，熬制到酱一样的黏稠度。②装瓶，放入冰箱冷藏。

解读： 柠檬蛋黄酱将富含维生素D的蛋黄和黄油强强结合，再搭配上清香的柠檬风味，即便是不爱吃鸡蛋的孕妈妈也不会拒绝这道佐餐美味。因脂肪含量较高，食用时需要控制摄入量，每次一勺就好。

种类要丰富，营养要均衡

主食多样更健康

孕妇的主食需要多样化的搭配。

• 种类丰富的主食能增加孕妇食欲，改善因孕吐而不愿进食的状况。

• 粗杂粮提供丰富的B族维生素，能有效缓解妊娠反应。

• 粮谷类、杂豆类和薯类搭配，能很好地发挥蛋白质的互补作用，提高主食蛋白质的质量。

Tips 孕妇餐中的粗杂粮在烹饪时应注意尽量软烂适口，避免给本已脆弱的消化道增加负担。另外，孕早期增加主食种类也要循序渐进，少量多次，防止孕妇因为不适应新加入的食物而引起孕吐。

蔬菜水果不可抛

深绿色蔬菜富含叶酸，对于降低胎儿发生神经管畸形及早产的风险有很大帮助。同时，水果的清新气味、酸甜口感都能刺激孕妇食欲，改善孕吐状况。

此外，受激素水平影响，孕妇胃肠蠕动变慢，且活动量较少，常出现便秘的情况，蔬菜水果中丰富的膳食纤维能促进胃肠蠕动，改善便秘。

专家推荐

紫薯杂粮饭

材料：紫薯、大米、小米、糙米各适量。

做法：将大米、小米、糙米清洗干净，紫薯切小块，放入电饭锅蒸熟即可。

解读：本餐色泽鲜艳，口感甘甜，B族维生素和膳食纤维丰富。紫薯富含花青素和硒元素，具有一定抗氧化功能。

Tips 关于水果性热性凉的说法，科学依据并不充足。孕妇应观察自己进食某种水果后是否有过敏、胃肠道不适、血糖异常等反应，只要进食后没有异常，且进食数量不过多，一般无须在意所谓“禁忌”。

牛奶豆类日日有

如果您在怀孕前没有每天喝牛奶和豆浆、吃豆制品的习惯，那一定要从现在开始坚持每天食用。牛奶、豆浆和豆制品都是优质蛋白的最佳来源，牛奶、豆腐（内酯豆腐除外）还提供丰富的钙。

不用担心牛奶和豆浆不能一起吃的问题，因为超市里有琳琅满目的豆奶粉产品。如果实在担心，可以早餐喝豆浆，睡前喝牛奶。

酸奶、奶酪、豆浆、豆腐、腐竹……花样繁多的奶类和豆制品，一定能帮您爱上牛奶和豆类！

鱼禽蛋肉搭配好

从孕中期开始，每日增加总计 50 ~ 100 克的鱼、禽、蛋和瘦肉就可以满足孕妇对优质蛋白的需求。在烹调时多采用煮、蒸、烧、煎等方法，能够更多地保存食物的原汁原味，也能够尽量减少营养素的流失。

很多孕妇认为深海鱼富含 DHA，对胎儿大脑发育有利，因此只吃深海鱼肉而忽略了禽肉、畜肉的摄入，这种做法并不可取。

畜肉比鱼肉含有更丰富的血红素铁，对于预防孕妇发生缺铁性贫血、早产和胎儿因缺铁身体和智力发育不良等很有作用。

孕期

专家推荐

番茄鲫鱼羊肉汤

材料：鲫鱼、带皮羊肉、番茄各适量。

做法：①鲫鱼洗净，放入热油锅中煎至两面微黄。羊肉、番茄洗净切块。②热油锅，放入番茄，煸炒出汁，加适量清水。③放入羊肉，大火烧开，撇去浮沫，加入葱、生姜片，改小火煮 30 分钟。④放入鲫鱼，大火烧 5 分钟。⑤出锅前加盐、味精调味，撒上香菜末即可。

解读：鱼肉加羊肉的合理搭配，能熬出极鲜的汤品，羊肉暖身、鱼肉补身，鱼肉和羊肉的蛋白含量都很高，肉质比较嫩，容易被身体消化吸收。

促进宝宝骨骼发育，孕妈妈这样吃

胎宝宝骨骼形成所需要的所有钙质都来源于母体，因此钙的摄入是每一个孕妈妈必须要面对的问题。

牛奶

奶类及奶制品是补钙的首选食物，一袋 250 毫升的牛奶就可以提供大约 300 毫克的钙质。牛奶中的蛋白质和乳糖还可以起到促进钙质吸收的作用。

对于喝牛奶会出现腹胀、腹痛情况的乳糖不耐受的人群，可以选择乳糖含量较低的酸奶、奶酪，或者已去除乳糖成分的“舒化奶”。

绿色蔬菜

蔬菜中的钙质含量不容忽视，油菜、海带、圆白菜、小白菜都是钙质的重要来源，如果每天能吃半斤小白菜或油菜，就可以获得一天所需钙量的 1/3。

深绿色蔬菜中含有丰富的维生素 K，参与钙质的代谢与骨骼的合成。另外，蔬菜中丰富的镁、钾、维生素 C 对骨骼的健康也大有裨益。

豆制品

黄豆本身含钙量并不算高，但是将黄豆加工成豆腐以后，钙含量则可翻倍增长，脱水后的豆腐干的含钙量更是高达 731 毫克，与硬质奶酪相当。

需要注意的是，要想通过豆制品补钙，应选择使用卤水或石膏作为凝固剂的豆制品，比如北豆腐、豆腐干、豆腐皮、豆腐丝，而不是喝豆浆，直接吃大豆或选择内酯豆腐。

芝麻酱

芝麻酱中的含钙量高达 1170 毫克 /100 克，可以和奶酪媲美，比以高钙著称的牛奶还要高近 10 倍。另外，芝麻酱中的镁、钾等元素，能够和钙一起发挥强健骨骼的作用。

但是芝麻酱中脂肪含量较高，大量进食不利于身体健康。

让宝宝更聪明，孕妈妈这样吃

宝宝大脑发育的高峰期是怀孕 4 个月到出生后 2 岁半，所以从孕期开始妈妈就要积极摄入有利于大脑发育的营养物质。

DHA 是宝宝大脑灰质的重要组成成分，可以占到总脂肪量的 1/3。胎儿大脑的迅速发育，无论是脑细胞的分裂，还是神经系统的发育，都需要大量的 DHA。DHA 主要通过膳食摄入，因此，我们建议孕妈妈多吃海产品，尤其是深海鱼。

除此之外，我们还提倡孕妈妈每天食用一小把坚果，因为坚果中所富含的 α－亚麻酸可在体内转化为 DHA。

坚果的脂肪以不饱和脂肪酸为主，丰富的维生素对大脑神经细胞十分有益。坚果含有钙、铁、锌多种矿物质，钙能促进胎宝宝骨骼的钙化，铁参与血红蛋白的合成，锌促进新陈代谢和智力发育。

除了 DHA 以外，蛋白质、叶酸、铁、锌、维生素 B_{12} 也是大脑发育的必需营养物质。

吃鱼小妙招

★ 吃鱼肉，而非鱼头、内脏。避免重金属、农药化肥的不良影响。

★ 吃小鱼，而非大鱼。体型小的鱼通常生命周期较短，体内有毒物质的累积相对较低，而且小鱼多为草食性鱼类，避免了污染物在食物链中层层传递所导致的生物富集作用，相对来讲更为安全。

★ 吃蒸煮，而非煎炸。鱼肉中的 DHA 在高温煎炸时会氧化失效，而且还会产生大量不利于健康的致癌物。而在蒸煮过程中，温度不会超过 100 摄氏度，更有利于营养物质的保留。

★ 不习惯深海鱼的，淡水鱼也可以。深海鱼在海洋的生物富集作用下，很可能受到砷、汞、镉等重金属污染。

小米鱼片粥

材料：鱼肉、小米各适量。

做法：①鱼肉切成薄片，加少许姜丝，腌 15 分钟。②小米洗净，加水浸泡 2 个小时，倒入锅里煮熟。③姜丝入锅，放入鱼片，煮开。

解读：姜不仅能去除鱼的腥味，更具有暖胃止呕的作用，还能促进消化，增强食欲。姜与鱼片搭配可以中和鱼肉的寒冷之性，让鱼肉更易于消化。

紫薯豆皮卷

材料： 紫薯、胡萝卜、彩椒、豆皮、生菜各适量。

做法： ①紫薯蒸熟后加适量水，碾成泥状。②豆皮上涂抹紫薯泥，将胡萝卜丝、彩椒丝码放整齐，铺上生菜，再抹一层紫薯泥，将豆皮卷紧。

坚果酸奶巴菲

材料： 红枣粒、葡萄干、水果粒、麦片、酸奶、坚果果仁碎各适量。

做法： 将材料按以下顺序铺在碗中：麦片、红枣粒、葡萄干、水果粒、酸奶、坚果果仁碎。

提高宝宝免疫力，孕妈妈这样吃

蛋白质是一切生命的物质基础，也是免疫系统的物质基础。孕妈妈饮食中蛋白质的数量、质量，直接关系着自己和宝宝的健康状况。

补充蛋白质首选鱼类

鱼肉中的蛋白质含量为 15% ~ 20%，并且鱼肉纤维细嫩柔软，极易消化，蛋白质的吸收率高。

奶制品不可缺少

牛奶的蛋白质含量约为 3%，属优质蛋白，容易被人体吸收。每天饮用 250 毫升的牛奶，可为人体提供 7.5 克的蛋白质，以及将近 300 毫克的钙质。

豆制品不容忽视

黄豆的蛋白质含量高达 35% ~ 40%。

大豆中含有米、面等食物中含量较低的赖氨酸，用大豆和谷类进行混加工，制成豆饭、豆包杂豆面等，可以达到蛋白质互补的目的。

海带萝卜鱼丸汤

材料： 鱼丸、土豆、胡萝卜、海带各适量。

做法： ①锅中加水，放入海带、土豆块、胡萝卜块，大火烧开，转小火煮 40 分钟。②放入鱼丸，加少许酱油，煮 10 分钟。③出锅前加盐调味。

解读： 海带中所含的多糖类物质，具有降低血脂的功用。

红肉无可替代

猪、牛、羊等畜类的肌肉部分由于富含血红蛋白而呈现红色，因此被称作红肉。

红肉是非常好的蛋白质来源，每天吃手掌体积大小的一片红肉，就可提供优质蛋白 15 ~ 20 克。

红肉最大的优势是富含血红素铁，而且生物利用率极高，是非常好的补血食物。

Tips

红肉的脂肪含量高于其他肉类，所以应选择脂肪含量较低的瘦肉，且不宜过量。

蛋白粉根据情况来吃

蛋白质粉，一般是提纯的大豆蛋白、酪蛋白、乳清蛋白，或者上述几种蛋白的组合体，是种单一补充蛋白质的产品，更适合存在蛋白质摄入不足问题的人群食用。

但是对于蛋白质摄入足量的人群，蛋白粉则不会达到它原本的效果，反而过度摄入蛋白质会加重肾脏的负担，同时引起钙质的流失。

所以，蛋白粉对于孕妈妈而言要具体问题具体分析。如果日常能正常进食肉类、鸡蛋、牛奶和豆制品，则无须额外添加蛋白质粉；如果孕期孕吐反应严重，进食有障碍，或者吃素的妈妈，则可通过蛋白质粉来补充每天所需的蛋白质。

专家推荐

茭白木耳炒肉

材料：茭白、猪里脊、木耳各适量。

做法：①茭白、里脊切片，木耳撕成小朵。在肉片里倒少许生抽和淀粉，搅拌均匀腌十分钟。②锅内倒油加热，放入姜和葱花炒香，放肉片炒开，变色后盛出备用。锅内重新放油，油热后下茭白翻炒，可加少许水，茭白熟后，放木耳翻炒，撒入盐。③放入肉片翻炒，出锅前放鸡精翻炒均匀即可。

解读：里脊的脂肪含量只有五花肉的1/3左右，热量低、脂肪少、蛋白质丰富。茭白富含蛋白质、糖类、维生素 E、微量胡萝卜素和矿物质等，并能提供硫元素，味道鲜美，营养价值较高，容易为人体所吸收。

这些食品，孕妈妈千万不要碰

过冷和过辣的食物会影响宝宝吸收

怀孕期间不少孕妈妈会变得胃口不佳，为了让自己食欲好一些，可能就会选择自己偏爱的口味，但是有两类食物，孕妈妈还得“口下留情”，适可而止。

过冷的食物

怀孕期间，孕妈妈由于体内激素水平的变化，胃肠会对温度的刺激非常敏感。

• 多吃冷饮会使胃肠血管突然收缩，胃液分泌减少，消化功能降低，从而引起食欲不振、消化不良等症状，甚至会引发胃部痉挛，出现剧烈腹痛现象。

• 由过食冷饮引发的腹泻还可能会引发子宫收缩，导致流产。

• 不少孕妈妈的鼻腔、咽喉、气管部位的黏膜往往充血并伴有水肿。如果大量贪食冷饮，充血的血管突然收缩，血液减少，会导致局部抵抗力降低，使潜伏在咽喉、气管、鼻腔、口腔里的细菌、病毒乘虚而入，引发咽喉肿痛、咳嗽、头痛等不适。

过辣的食物

辣椒对于孕妈妈来说，并非一定不能食用，适当地吃些辣椒，可以增进食欲，促进消化。但是，过辣的食物还是要少吃，这是因为：

• 辣椒中含有麻木神经的物质，会对宝宝神经系统的发育造成影响。

• 对于有便秘情况的孕妈妈，辣椒、花椒、胡椒一类的温热刺激性食物很容易消耗肠道中的水分，进一步加重肠道环境的干燥，从而引发排便不畅。孕妈妈在排泄的过程中必然用力屏气解便，这样就会引起腹压增大，压迫子宫内的胎儿，甚至引发羊水早破、流产、早产等不良后果。

所以孕妈妈们在食用辣椒时，一定要掌握好分寸。

过多摄入垃圾食品会影响宝宝发育

在众多垃圾食品中，洋快餐里所含有的激素作用极强，会影响到机体的激素平衡。宝宝体内的激素水平很低，所以激素的一点点增长就会对他们产生不好的影响，甚至导致早熟情况的发生。

洋快餐多采用油炸的烹调方式。这些油经过反复加热、煮沸，容易变质，还会产生大量的有毒有害物质，对孕妈妈和胎宝宝的健康都大为不利。

洋快餐中富含油脂，脂肪所提供的能量是同等重量蛋白质和碳水化合物的两倍多，从防止孕期体重增长过快的角度出发，也应尽量少吃洋快餐。

孕妈妈洋快餐食用指南

- 尽量选择自然生长的家畜家禽。
- 食用的时候避开脂肪含量较高的肥肉、鸡皮、翅膀、脖子等部位，因为激素、化学残留物主要储存在皮下脂肪中。
- 每周进食油炸食物不要超过 1 次。
- 晚餐时不要食用洋快餐，以防在活动较少的晚上能量蓄积过多。
- 在进食油炸食物后多吃青菜、水果，以求得营养素平衡。

脆藕炒鸡米

材料：鸡腿、木耳、黄瓜、莲藕、胡萝卜各适量。

做法：①鸡腿去皮去骨切小块，同姜末、玉米淀粉一同抓匀。木耳泡发，黄瓜、莲藕、胡萝卜切成小块。②炒锅烧热，将鸡肉慢慢煎香，至微黄时盛出，锅中留油。③先放入莲藕丁翻炒约 2 分钟，再依次加入胡萝卜丁、黄瓜丁、木耳，盐少许，翻炒均匀。④加入炒好的鸡块，大火翻炒几下即可。

解读：莲藕富含铁、钙等微量元素、植物蛋白质、维生素以及淀粉，孕妇食藕，能促进自身及胎儿的营养吸收，提高免疫力。鸡肉温中补气，富含优质蛋白，鸡肉中的脂肪含量较低，是孕妈妈长胎不长肉的补益美味。

大补的食物往往过犹不及

所谓“大补”

传统观念中所谓的“大补”，一般是指增加膳食中动物性食物的比例，如乌鸡汤、炖猪蹄、烧海参等。现代人在老祖宗食补的基础上又增加了琳琅满目的保健品和营养补充剂。

“大补”难免过犹不及

孕妈妈要加强营养应依据怀孕不同时期的生理状态和营养需求，从合理搭配的多种食物中获取所需营养。而不是一味地用高蛋白、高脂肪的动物性食物来进行“营养轰炸”，更不是在缺乏科学评估的情况下盲目服用营养补充剂。

大量高脂、高蛋白食物的集中摄入，很可能引起孕妇体重增长过多从而增加孕妇发生妊娠性糖尿病和生出巨大儿的风险。此外，若在营养素本已充足的正常膳食之外盲目服用营养素补充剂，则很容易导致服用过量而中毒，从而增加胎儿畸形的风险。

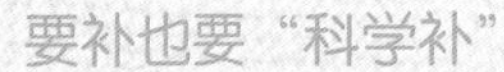

我们提倡从天然食物中摄取充足的营养，来满足整个孕期的营养需求。

怀胎十月每个阶段的膳食搭配原则

- ★ 孕前期（怀孕前 3 ~ 6 个月）：重视叶酸、铁、碘的补充；戒烟禁酒。
- ★ 孕早期（怀孕后 1 ~ 12 周）：膳食清淡、少食多餐；确保碳水化合物的摄入；继续补充叶酸；戒烟禁酒。

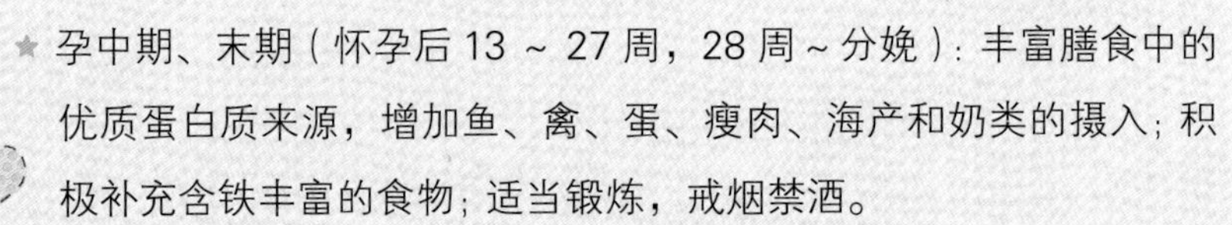

- ★ 孕中期、末期（怀孕后 13 ~ 27 周，28 周 ~ 分娩）：丰富膳食中的优质蛋白质来源，增加鱼、禽、蛋、瘦肉、海产和奶类的摄入；积极补充含铁丰富的食物；适当锻炼，戒烟禁酒。

咖啡会导致钙流失并影响胎儿神经系统的发育

咖啡对胎儿的影响主要源自咖啡因。咖啡因是一种中枢神经兴奋剂，适度饮用可以帮助驱除疲劳、兴奋神经、保持活力。

因此，我们不建议孕妈妈大量饮用咖啡。但是，如果每天一杯咖啡能给孕妈妈带来好心情，那稍微喝一点也无妨。每天 1 ~ 2 小杯咖啡（150 毫克咖啡因），对于大多数人来讲还是安全的。

除了咖啡，还有一些食物、饮料当中含有咖啡因，如巧克力、可乐、茶等，孕妈妈在选择的时候千万不可大意。另外，有些可能含有咖啡因的药物，如感冒药、止痛药，在服用前咨询医生最为妥当。

过量饮用咖啡危害大

* 中枢神经兴奋过度，引发烦躁、失眠、面红、肠胃功能紊乱、心慌等问题。
* 咖啡因通过胎盘进入胎儿体内，加速胎动，加快胎心，影响胎儿的正常作息和发育，增加流产、早产、生出低体重儿等不良情况的概率。
* 咖啡因具有利尿的作用，会加速孕妈妈体内钙质的流失。

专家推荐

香蕉牛油果奶昔

材料：牛油果、香蕉、黄瓜、纯牛奶各适量。

做法：将牛油果、香蕉、黄瓜切成小段，同纯牛奶先后倒入食物料理机，研磨均匀。

解读：牛油果是水果中能量最高的一种，脂肪含量约 15%，其中健康的不饱和脂肪高达 80% 以上，同时富含维生素 A、维生素 E、维生素 C、微量元素硒等多种抗氧化物质和矿物元素，含钾比香蕉还高，纤维特别丰富，能有效促进肠胃运动。

含糖太多的食物要限制食用

哪些食物对血糖影响大?

米饭、面条、饼干、面包、精致点心等食物尽管尝起来并不太甜,但它们富含淀粉,并且加工精度较高,所以消化吸收速度很快,对血糖的影响很大。

粗杂粮、富含膳食纤维的蔬果、薯类,由于加工精度低、耐咀嚼、消化吸收速度慢,对血糖的影响相对较小。

水果,还能吃吗?

水果的糖分很大一部分是果糖,并不容易升高血糖。同时水果富含膳食纤维,会阻碍糖分在消化道的吸收,延缓血糖上升速度。

但是,**水果摄入过量仍会影响血糖**。孕妈妈还是要在控制每日摄入糖分总量的基础上,适量、多样地吃新鲜水果,而且不提倡用果汁代替完整水果。

怎么吃才有利于控制血糖?

- 食物多样,粗细搭配。
- 严格控制精米白面做成的主食,以及各类精制糕点的摄入量。
- 食物烹调不宜过度软、烂、碎,尽量吃完整新鲜的天然食物。
- 每天吃适量的坚果和豆制品。

专家推荐

南瓜杂粮饭

材料: 大米、小米、红豆、绿豆、南瓜各适量。

做法: ①将大米、小米、红豆、绿豆洗净后,用清水浸泡3个小时。②南瓜洗净,切块。③把杂粮与南瓜一同放入电饭煲,按煲饭键即可。

解读: 杂粮一定要提前浸泡才容易煮软。

Tips

低糖水果包括苹果、梨、猕猴桃、草莓、柚子等。如果担心水果对血糖的影响,可安排在两餐之间食用。

专题

孕期滋补妈妈的食谱

	主要特征	膳食原则	推荐早餐	推荐午餐	推荐晚餐
孕早期	在怀孕的头三个月，孕妇会有不同程度的妊娠反应，表现为呕吐、便秘、反胃、烧心等消化道症状。这会导致孕妇食欲下降，甚至营养不良	清淡适口，营养均衡	杂粮牡蛎粥 煮鸡蛋 热牛奶 果仁菠菜	红枣紫薯米饭 番茄烧牛腩 蒜蓉芥兰 虾米海带豆腐汤	南瓜枸杞大米粥 香菇炒油菜 胡萝卜炒鸡蛋 冬瓜肉丸汤
孕中期	此阶段孕妇妊娠反应症状基本消失，食欲增加。此时应增加进食量以满足胎儿生长发育的需求，优质蛋白要超过50%。同时依然要避免孕妇发生便秘、消化不良等状况	搭配合理，蛋白质丰富	燕麦牛奶粥 白菜肉包 嫩蛋羹 鸡丝蔬菜沙拉 上午加餐：橙子1个，核桃3～5个	青菜鸡蛋面 凉拌三丝 清蒸鲈鱼 青椒炒肉片 下午加餐：酸奶1杯，苹果1个	紫薯玉米饭 海米拌菠菜 西蓝花炒虾仁 口蘑烧牛肉 夜宵：五谷豆浆1杯
孕晚期	此阶段既要通过膳食提供胎儿发育的必要营养，又要为分娩储备必要的能量，更要为产后泌乳做好准备。此时部分孕妇可能会出现妊娠高血压或妊娠性糖尿病	能量充足，控盐少糖	热牛奶 全麦面包 煮鸡蛋 菌菇时蔬沙拉 上午加餐：猕猴桃2个，坚果饼干5片	土豆糙米饭 青椒胡萝卜炒肉丝 葱油蒸大黄鱼 松仁玉米 下午加餐：酸奶1杯，香蕉1个	红豆紫米粥 蒜蓉粉丝娃娃菜 冬菇炖排骨 菠菜猪肝汤 夜宵：清汤蔬菜面

3岁前吃对食物，孩子一生好体质

0～1岁这样吃，宝宝生长发育好

01 0 ~ 6 个月，母乳是最好的食物

母乳喂养的宝宝少生病

喝母乳的宝宝身体好，这似乎已经成了妈妈们的共识，那么为何母乳能让孩子具有强健的体魄呢？

营养全面好吸收。母乳可以满足孩子从出生到 6 个月时所有的营养需求。母乳中的蛋白质以最易被孩子消化吸收的乳清蛋白为主，铁的消化吸收率可达到 50%。

抗体。母乳可将妈妈体内的各种抗体输送给孩子，帮助宝宝对抗外界的细菌和病毒。抗体的种类还可以根据周围环境中病毒、细菌的改变随时更新。

免疫球蛋白。可起到抗感染的作用，保护宝宝免受肺炎等感染性疾病的困扰。

乳铁蛋白。具有抗菌、抗氧化、抗癌、免疫调节的强大生物功能，有助于提升宝宝的免疫力。

纯天然无污染。母乳清洁，没有细菌，不会变质，在整个哺喂的过程中，也不容易接触外界污染物。

专家推荐

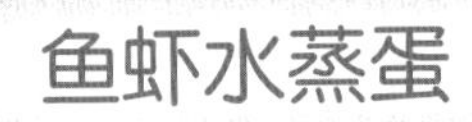

鱼虾水蒸蛋

材料：胡萝卜、鱼肉、虾仁、鸡蛋各适量。

做法：①胡萝卜用小刀刻出花形，鱼肉和虾仁切成小丁。②鱼肉、虾仁用 1 克细盐腌制 10 分钟。鸡蛋打成蛋液。③将鱼肉和虾仁撒入蛋液中，胡萝卜片放在鱼肉、虾仁上。④将蛋液碗冷水下锅蒸，大火烧开后转中火 10 分钟，关火焖 5 分钟。⑤撒入葱花、淋入香油即可。

解读：鸡蛋中含有丰富的蛋白质，很容易被人体消化吸收，对产妇的身体恢复有很大帮助。但不宜过量，一般每天 1 ～ 3 个。

一定要让宝宝吃到珍贵的初乳

初乳的珍贵之处主要有以下几点：

• 初乳浓度很高，质地黏稠。

• 容易被宝宝消化吸收。

• 初乳脂肪含量少，富含碳水化合物、蛋白质、维生素、矿物质以及免疫活性物质。

免疫活性物质。初乳中具有抗感染功能的免疫球蛋白含量是成熟乳的 20 ~ 40 倍。因为初乳质地黏稠，这些免疫活性物质可以附着在新生儿还未发育成熟的消化道表面，防止大肠杆菌、伤寒菌、病毒的侵入和附着，从而发挥抗菌功能，增加宝宝机体免疫力和抗病能力。

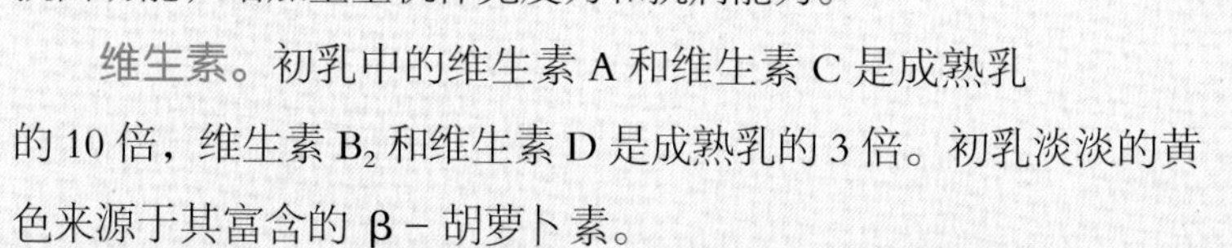

维生素。初乳中的维生素 A 和维生素 C 是成熟乳的 10 倍，维生素 B_2 和维生素 D 是成熟乳的 3 倍。初乳淡淡的黄色来源于其富含的 β－胡萝卜素。

矿物质。初乳中的各种矿物质含量均高于成熟乳。矿物质有利于宝宝胎便的排出，从而加速胆红素的清除，因此，通过喂养新生宝宝初乳，可以有效地预防新生儿黄疸。

有些人认为，初乳在乳房里保存了很长时间，不够新鲜，应该挤出来扔掉；也有些人会在新生儿吃到初乳前喂食糖水或其他乳类。这两种做法都是不可取的，特别是在初乳前给宝宝摄入的异体蛋白可能会成为宝宝未来过敏的诱因。

英国科研人员发现，出生后及时获得初乳的宝宝，在 8 岁的时候，智力水平及健康程度明显要高于只吃常乳的宝宝。

宝宝第一口吃什么对未来的健康有重要的影响意义，妈妈们千万不要忽视初乳的重要性。

腰豆花生猪脚汤

材料：花生、猪脚、腰豆各适量。

做法：①猪脚洗净斩块，氽烫后洗净；花生、腰豆洗净后用水浸泡。②锅中加水，放入花生、腰豆，大火煮开转小火煮30分钟。③放入猪脚、葱、姜，大火煮开改小火煮1个半小时。④出锅前加盐调味即可。

解读：腰豆清甜，粉质多，有补血、增强免疫力等功效，腰豆花生猪脚汤对于哺乳期妇女能起到催乳和美容的双重作用。

醪糟蛋花汤

材料：醪糟、鸡蛋各适量。

做法：①锅内加水，大火烧开后，放入醪糟，再次烧开。②加入打散的鸡蛋，搅拌松散。加入湿淀粉使汤黏稠。③出锅前加白糖调味即可。

解读：醪糟具有促进食欲、促进血液循环等功效，是中老年人、孕产妇和身体虚弱者补气养血之佳品。此汤是部分地区产妇的食谱，但因其含酒精，未有食用经验的产妇请慎选。

每个女人都能成为称职的“奶妈”

奶水少的对策

如何判断奶水是否够量？新妈妈需要记住两个指标：

- 纯母乳喂养的宝宝每天小便能够达到6次甚至更多。
- 6个月内的宝宝每月体重增长600～800克。

其实绝大多数的妈妈都能够为宝宝提供充足的奶水，即便暂时奶水不足，需要做的也只是调整喂养方式。要对母乳喂养有信心，而不是盲目添加配方奶粉。

5招保证母乳量

★ 心情舒畅。放松的心情和充足的睡眠是“养奶”的关键，新妈妈们要注意舒缓情绪，保证休息。

★ 定期排空乳房。采取混合喂养方式时，要让宝宝先吃母乳，待乳房排空后再按需添加奶粉，千万不可急于用奶粉将宝宝喂饱。乳房少了宝宝的吸吮，母乳自然越来越少。

★ 注意按摩。适量的按摩可以促进乳房血液循环，促进泌乳，并且有利于乳房健康。

★ 稍有忌口。不要食用对乳汁分泌有抑制作用的食物，如韭菜、麦芽、花椒、酒类等。另外，寒凉的食物会造成气血流通不畅，对泌乳也有影响。

★ 多喝汤水。哺乳前后可以喝些温开水、牛奶等，及时补充水分。也可尽量安排鲫鱼汤、花生莲藕汤、去油的猪蹄黄豆汤等食物。

奶水稀的对策

母乳质地比较清稀，似乎没有浓厚的牛奶看起来诱人，所以不少妈妈担心自己乳汁的营养价值不能满足宝宝的需求。其实这种担心是多余的，只要妈妈的营养均衡，乳汁中的营养物质是可以满足宝宝的营养需求的。

在哺喂宝宝的时候，妈妈们可以参照以下几点建议：

哺喂宝宝并非营养越多越好

母乳中的蛋白质和脂肪分子的体积比牛奶小很多，更有利于宝宝幼嫩肠胃的消化吸收。哺喂宝宝时应该重视营养的供给是否与宝宝的生长发育需求相匹配。

区分“前奶”和“后奶”

前奶比较清稀，含有充足的水分，可以给宝宝解渴，其中的蛋白质、乳糖以及丰富的抗体可以保护宝宝的健康。

后奶相对稠厚，含有较多的脂肪，颜色也会白一些，会给宝宝提供充沛的能量，也会让母乳变得更“耐饿”。

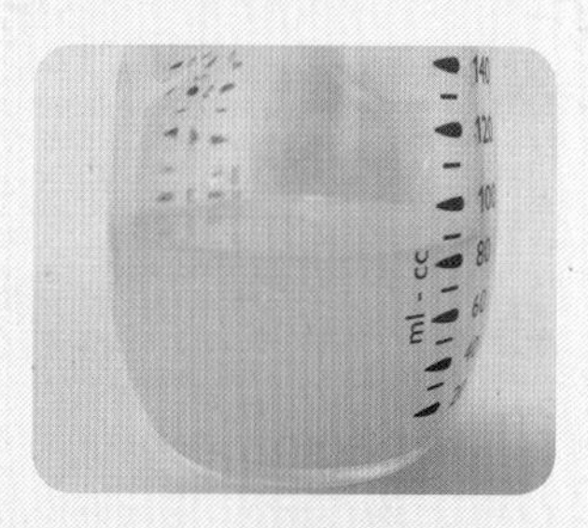

前奶

后奶

奶水很稀宝宝不一定会挨饿

有不少宝宝要奶吃并非出于饥饿，而是撒娇。母乳前奶清稀的特点在此时就发挥了重要的作用，它既能够让宝宝吃到乳汁，起到安抚宝宝的作用，其高水分、高蛋白、低脂肪的特点又能帮助宝宝控制食欲。

不饿的宝宝吃前奶就满足了，饥饿的宝宝从前奶吃到后奶也可以吃饱。这正是母乳分前后的作用，如果一股脑地提供的都是富含脂类物质的乳汁，宝宝摄入的能量必然会超过需求，造成肥胖。

建议妈妈在哺乳期喝牛奶。牛奶含钙丰富，在乳糖及蛋白质的帮助下非常有利于人体吸收。妈妈们不妨每天饮用500毫升，这样可以获得大概600毫克的钙质，基本上可以满足全天钙需求量的50%。

生病了，母乳喂养也能继续

世界卫生组织建议母乳喂养应尽量坚持到2岁，在两年的哺乳过程中，妈妈感冒发烧在所难免。在患病的过程中，妈妈不免担心细菌、病毒会随母乳传递给宝宝，服用药物的妈妈更是担心药物会对宝宝产生不良的影响。

通常妈妈在患感染性疾病期间均应暂停哺喂母乳，尤其在急性期。

感冒：继续喂养，更能保护宝宝

你是否发现过这样的现象，妈妈患上感冒，家里的其他成员或许都被传染了，宝宝却能不被传染，或者症状最轻。这其实得益于母乳中的抗体，妈妈在患感冒时，身体中分泌出对抗感冒病毒的抗体，这些抗体通过乳汁传递给宝宝，保护宝宝不被感染或者减轻症状。

Tips

在感冒期间哺乳的妈妈一定要记得戴上口罩，擦鼻涕后、喂奶前应洗手，室内定时开窗通风。

发烧：继续喂养，宝宝好，妈妈也好

如果发烧是由感冒引起，那母乳中的抗体可以帮助宝宝抵御病菌的侵袭；如果发烧是由乳腺炎引起，继续让宝宝吮吸母乳有利于淤积奶水的排出，不失为一种积极的治疗手段。

Tips

发烧的妈妈在哺乳过程中应多饮水，注意休息。

腹泻：继续喂养，但应注意卫生

如果是受凉或肠胃不适引起的腹泻，不会对宝宝产生影响；如果是病毒引起的腹泻，则需要引起重视。

Tips

注意如厕后要及时洗手，宝宝的餐具、用品要用开水烫煮消毒，预防交叉污染。

✿ 带状疱疹：具体位置，具体分析

母乳喂养期间妈妈患上带状疱疹，如果不在乳房附近，是可以继续哺乳的。因为带状疱疹只经局部接触或水疱液传染，不会通过乳汁、呼吸传给宝宝。

在喂养过程中一定不要让宝宝触碰患病部位的皮肤。另外，患病妈妈的衣物、毛巾要单独放置、清洗。

✿ 水痘：需要与宝宝隔离

水痘和带状疱疹是由同一种病毒感染所致，但水痘属于呼吸道传播疾病，所以妈妈患病期间最好和宝宝隔离，乳汁要按时吸出，以防乳汁减少。

✿ 乙肝：关键看乙肝病毒 DNA 载量

血液中乙肝病毒 DNA 载量为阴性，说明体内没有乙肝病毒复制，只是病毒的携带者，而非传染者，妈妈可以进行母乳喂养；如果乙肝病毒 DNA 载量大于 106，说明病毒在体内繁殖，具有传染性，不建议母乳喂养。

✿ 高血压、心脏病、糖尿病：母乳喂养依然可以继续

如果妈妈因这些疾病已致机体主要脏器功能不全就不宜继续哺乳。

绝大多数妈妈的大多数疾病对于哺乳宝宝都是安全的，即使需要暂停哺乳，也要按时将乳汁吸出，以维持母乳量。等到妈妈身体康复，用药的影响消除后，依旧可以继续哺乳。

田园沙拉

材料：生菜、小番茄、小黄瓜、红彩椒、黄甜椒各适量。

做法：将所有食材洗净切块，滴入少许橄榄油、苹果醋以及盐，最后可以撒上一些黑胡椒粉提味。

解读：沙拉的制作其实很随意，一般选择三种以上的蔬菜或水果自由搭配，不仅在营养上起到很好的互补作用，还可以增进食欲，防止便秘，是新妈妈们不可或缺的食物。

除了母乳，还要添加维生素 D

母乳中维生素 D 的含量非常有限，即便哺乳期间妈妈口服补充剂，也不会明显增加母乳中维生素 D 的含量。因此，在宝宝出生两周后，就应该开始进行合理补充了。

补充维生素 D 时有以下几个常见问题：

❀ 晒太阳补充维生素 D，量够吗？

晒太阳是补充维生素 D 的好方法，皮肤经阳光中的紫外线照射后，会将体内的 7- 脱氢胆固醇转化为维生素 D。但是，由于新生宝宝外出晒太阳的时间有限，尤其是冬季出生的宝宝晒太阳的机会更少，因此通过晒太阳获得的维生素 D 无法满足宝宝的生长需求。所以，给新生宝宝口服鱼肝油或维生素 D 制剂是极其必要的。

❀ 纯母乳喂养宝宝和奶粉喂养宝宝都需要补充维生素 D 吗？

纯母乳喂养的宝宝，每天需补充 400IU 的维生素 D。混合喂养的宝宝，由于婴儿奶粉中本身会含有维生素 D，所以具体服用量应根据宝宝每天摄入配方奶的量来酌情补充。一般来讲，只有当每天的配方奶量达到 600 ~ 700 毫升，才能停止额外添加维生素 D。

❀ 吃了鱼肝油还需要补充维生素 D 吗？

维生素 D 补充剂中只含有维生素 D 一种成分，而鱼肝油的主要成分是维生素 D 和维生素 A。鱼肝油与维生素 D 补充剂只需二选一，确保宝宝每天摄入 400IU 的维生素 D 即可。

但家长必须注意的是，维生素 A 虽然也是宝宝发育的必需营养物质，但是母乳、婴儿奶粉以及未来要添加的辅食中都会含有维生素 A。营养剂的补充并非多多益善，家长应算准含量，避免补充超量。

❀ 维生素 D 和钙，二选一还是都补？

维生素 D 可促进宝宝对钙质的吸收和利用，缺少了维生素 D 的帮助，摄入再多的钙也是在做无用功，还会造成身体的负担。

但是维生素 D 并不能代替钙的作用，因此还应保障宝宝钙的摄入。这个阶段的宝宝如果吃奶量足够，无须额外补钙，因为无论是配方奶粉还是母乳中的钙质，都可以保障宝宝的生长需求。

上班族妈妈坚持母乳喂养的方法

有人将母乳称为“37℃的爱”。的确，为了坚持给宝宝提供世界上最完美的天然食物，妈妈们付出了很多。而对于既要上班，还要坚持母乳喂养的妈妈来说，只能每天在单位挤出乳汁，再背回家给孩子当口粮，这份爱更加难能可贵！

有人说上班和母乳喂养是不可调和的矛盾，那么这些伟大的上班族“背奶”妈妈是如何做到的呢？

心理准备

妈妈们一旦决定走上漫漫“背奶”之路，就要做好充分的心理准备。你要承受每天背着吸奶装备上下班的辛苦，要承受在办公室一角挤奶的尴尬。或许，还有来自同事和领导的不理解、家人的反对等等。不过，这些压力和宝宝未来一生的健康比起来，都不算什么。

背奶装备

“工欲善其事，必先利其器。”“背奶”妈妈必备的装备有吸奶器、储奶瓶、母乳保鲜袋、冰包（配蓝冰和冰袋）、消毒锅、暖奶器等。除此之外，家用冰箱也是必备帮手。为了保证母乳不被细菌污染，需要每天对上述“背奶”装备进行消毒。消毒应遵循**定期高温消毒、用后及时清洗、用前开水冲泡三大原则**。

储存方法

母乳的储存是确保母乳质量和安全的关键性因素。一般而言，母乳在常温下可保存 4 个小时，在冷藏条件下可保存 2 天，在冷冻条件下可保存 3 个月。不过，尽管最长时间能保存 3 个月，但 3 个月以后乳汁的质量已经大打折扣。因此，我们要**尽量喂给宝宝新鲜的母乳，同时更要注意科学储存，确保母乳质量。**

母乳在冰箱内储存时，要注意以下几个方面：

正确选择存放位置。在同一个冰箱中，不同位置的温差高达5摄氏度，建议将母乳储存在冰箱最下层、最内部的位置，那里的温度最低。

冰箱门少开合。尽量减少冰箱门开合次数，以保持冰箱内部温度恒定。

独立储存。建议有条件时给母乳隔出独立的储存空间，防止与其他食物交叉污染。

避免浪费。由于解冻、加热后母乳的保存时间会大大缩短（加热后仅能保存4小时），而宝宝吃过的母乳，其寿命仅剩1小时，因此，每次从冰箱中取出的奶量应当与孩子进食量相匹配，避免一次解冻太多；也可以在储存时采用容量较小的容器，减少浪费。

Tips

定期吸奶不仅能够帮助妈妈迅速减去因妊娠而堆积在身上的脂肪，还能在很大程度上降低妈妈患乳腺癌、宫颈癌的风险。因此，坚持母乳喂养称得上是“呵护了宝宝，健康了妈妈”。

专家推荐

白扁豆龙骨汤

材料：猪龙骨、白扁豆、红枣、莲子各适量。

做法：①白扁豆、莲子浸泡30分钟；红枣洗净，去核备用；猪龙骨洗净，汆烫后洗净备用。②砂锅中加适量清水，放入姜片和所有食材，大火烧开后，转小火煮2小时。③出锅前加盐调味即可。

解读：坚持母乳喂养的妈妈一定要保证营养。猪龙骨富含钙质，可维护骨骼健康。扁豆富含蛋白质、脂肪、糖等营养素，配合猪龙骨煲汤，清香美味，口感一流，营养丰富。

专题

特殊情况，宝宝应该怎么吃?

在宝宝的生长过程中，身高、体重可以帮助判断宝宝是否发育正常，这也是家长们非常关心的问题。衡量宝宝的参考标准并非“别人家的宝宝”，而应该是生长曲线。

在这里向大家推荐世界卫生组织（WHO）公布的生长发育曲线。家长可以定期测量宝宝的身高和体重，在表格相应位置标出，以此来了解宝宝的生长规律。

生长曲线多长时间测量一次?

- 出生～6个月：每半个月测量一次。
- 6～12个月：每1个月测量一次。
- 1～3岁：每2～3个月测量一次。
- 3～6岁：每3～6个月测量一次。
- 病后恢复期，可增加测量次数。

偏胖

如果宝宝偏胖，妈妈们要注意纠正以下几种情况：

宝宝一哭就喂奶。哭声是宝宝与外界交流的重要方式，哭闹的原因有很多，如果不加分析，一哭就喂奶，必然会造成宝宝营养过剩，从而引起肥胖。

过早添加辅食。过早添加辅食除了可能会增加宝宝的肠胃负担、引发过敏外，还会增加宝宝日后肥胖的风险。

宝宝太乖不爱动。本阶段宝宝活动能力有限，爸爸妈妈应该多和宝宝互动，增加宝宝运动的机会。还可让宝宝多趴着，锻炼其腰背部的力量，为日后的爬行做好准备。

偏瘦

宝宝太瘦，大多与吃奶太少有关，同样要注意以下几点：

环境嘈杂。这个阶段的宝宝对外界充满好奇，一点点动静都会让宝贝左右张望，吃吃停停。喂奶的时候应选择安静的环境，避免过强光线以及声音的干扰。

宝宝太过兴奋。喂奶前一段时间内，不要让宝宝剧烈运动，尽量让宝宝处在一个熟悉的氛围中安心进食。

妈妈焦虑紧张。妈妈紧张焦虑的情绪会传递给宝宝，从而让宝宝也感到紧张。平静温和的眼神会让宝宝吃奶更加专注。

运动太少。爸爸妈妈可以自学一些婴儿推拿的方法，定期帮宝宝捏脊，排除积食的隐患；也可以每天带宝宝做做被动操，增加宝宝的运动量。

4～6个月，为宝宝添加第一顿辅食

添加辅食的原则

首要原则：注意补充铁元素

铁元素对宝宝的生长发育具有极其关键的作用。宝宝体内的铁主要来自孕期妈妈体内的累积，出生后6个月时，宝宝体内的大部分铁已经被利用。随着宝宝的不断成长，血容量不断增加，体内对铁的需求也显著增多，此时就需要及时从辅食中获取铁元素。

从营养学的角度来看，补铁应首先选择能满足生长需要、易于吸收、不易产生过敏现象的谷类食物，因此，**正规厂家生产的强化铁米粉是宝宝第一餐的首选。**

> **Tips**
>
> 鸡蛋的含铁量较低，而且吸收率仅为3%左右；家中自制的小米粥、米粉、面条同样含铁量极少，也不能作为宝宝初期补铁辅食的选择。

讲究添加顺序

✿ 种类由一种到多种

每次只给宝宝尝试一种新的食物，然后连续观察3天，如果宝宝的消化情况良好，排便正常，无红疹、腹泻出现，便可继续尝试另一种新的食物。

> **Tips**
>
> 给宝宝添加辅食千万不可一时贪多，短时间内增加好几种食物。如果宝宝出现了不良反应，则无法辨别是哪种食物导致的，要边摸索边观察。

✿ 食量由少到多

辅食的添加应从一两勺逐渐过渡到小半碗，循序渐进。

✿ 质地由细到粗

大致顺序为：

液体
如米糊、碎面汤、米汤、果汁等

固体
如软饭、烂面条、小馒头片等

试吃是必不可少的步骤

每次新增加一种辅食，需要先让宝宝试吃，观察宝宝进食后是否出现消化不良、过敏等不适反应，以此确定是否要继续喂这种食物。在试吃过程中需要遵循以下原则：

❀ 少量、简单

尝试添加某种辅食时，每天喂 2 ~ 3 次，每次一小点，不可贪多，观察连续 3 天以上。如果宝宝对食物接受程度良好，且进食后不出现任何身体不适，即可以继续喂这种食物，1 ~ 2 周以后可以添加下一种辅食。

❀ 看咀嚼、查大便

食物不应体积过大，否则宝宝无法吃进口中；同时食物要软硬适中，既能让宝宝依靠牙床进行切割，又不至于软烂到根本起不到咀嚼的作用。

若粪便中出现未消化完全的食物残渣，可以在改变食物性状后（做得软烂一些）继续观察，如果仍然出现食物残渣，说明宝宝尚不能消化，应暂缓添加。

❀ 区分食物过敏和不耐受

有时候，宝宝会在进食某种食物后出现呕吐、腹泻等情况，可能是由于食物过敏，或者对食物不耐受，这两种情况要加以区分：

• 一般急性过敏发生在 24 小时之内，慢性过敏发生在三天内；而食物不耐受可能会在进食后数小时或几天后才引起不适。

• 食物不耐受通常不需要就医治疗，只需停止喂该食物即可；而过敏发生后往往需要就医对症治疗。

• 食物不耐受状况可在短期内随着进食次数的增加，宝宝消化功能的不断完善而改观；而过敏则需要完全回避过敏食物至少 3 个月以上，才能停止过敏症状的发生（也有部分宝宝随着年龄增长逐渐对过敏食物脱敏）。

提醒各位妈妈，宝宝出生后如能尽早吸吮母乳，并吃到母亲初乳，可在很大程度上降低未来发生食物过敏的风险。

此阶段常见辅食的喂法

米汤和米粉

米汤又叫米油，是大米在煮粥或熬饭的过程中漂浮在表层的黏稠浆状液体，其中含有部分碳水化合物、少量脂肪、蛋白质以及水溶性维生素。

不少家长将米汤作为宝宝辅食的首选食物，甚至用它来代替婴儿米粉。其实，这样的做法并不科学。

米汤中的营养只占大米营养的一小部分，大部分不溶于水的碳水化合物、蛋白质保留在米粒当中，因此，只喝米汤的宝宝营养及热量的摄入都十分有限。

关于米粉，建议给宝宝食用商场中出售的强化铁米粉，强化了铁元素的米粉能够很好地满足宝宝对铁的需求。

等宝宝添加辅食的种类逐渐丰富，增加了肝泥、肉泥等富含铁质的食物之后，我们就可以在家为宝宝自制米粉了。

专家推荐

家庭自制米粉

材料：大米、核桃、芝麻、小米、蔬菜、肉馅各适量。

做法：①将大米放在锅中用中火炒3分钟，加入核桃、芝麻、小米等食材，炒熟。②将食材混合放入食物料理机，充分磨碎。③在小奶锅中放入适量水煮开，加入米粉充分搅拌，待水开后米粉变得透明即可。

解读：自制米粉非常简单，妈妈们可以在自制的过程中充分发挥想象力，为宝宝创造出不同的口味搭配。还可以添加菜泥或肉泥。

米粉的选购建议

★ 看生产企业。尽量选择企业规模大、口碑好的产品，这样的产品在配方上较为先进，工艺质量比较有保证。

★ 看外包装上的信息。包括厂名、厂址、生产日期、保质期、执行标准、商标、净含量、配料表、营养成分表及食用方法等，缺少上述任何一项的产品，最好不要购买。

★ 看配料表。如果有香精、色素、糖、盐等成分，不建议购买，过于香浓的滋味不利于宝宝健康口味的养成，更会加重身体代谢负担。

菜泥和果泥

蔬菜、水果是维生素、矿物质、膳食纤维等营养成分的重要来源，可以帮助保持肠道的畅通，提高免疫力。此阶段的宝宝牙齿还未萌出，蔬果添加应以菜泥、果泥为主。

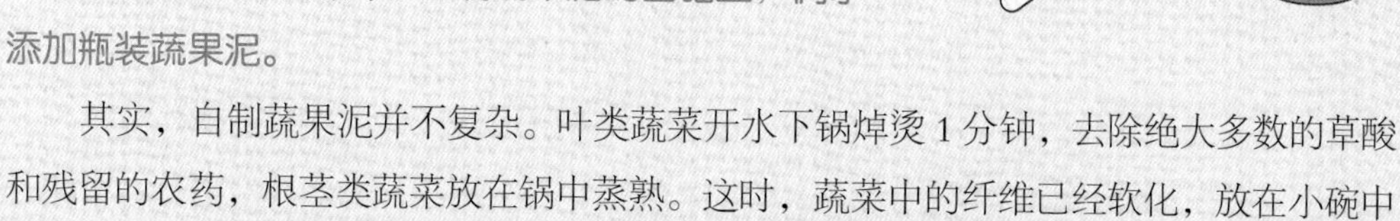

我们建议新手妈妈在自制蔬果泥的基础上，偶尔添加瓶装蔬果泥。

其实，自制蔬果泥并不复杂。叶类蔬菜开水下锅焯烫 1 分钟，去除绝大多数的草酸和残留的农药，根茎类蔬菜放在锅中蒸熟。这时，蔬菜中的纤维已经软化，放在小碗中用勺子反复碾碎即可。

妈妈们也可以选择一个辅食研磨碗，研磨碗底部有突出的小颗粒，配套的小勺背面有几道突出的横线，食物放在碗中可以很方便地研磨成食糜，方便宝宝下咽。这样随吃随粉碎的方法，还防止了食物被空气氧化变色。

自制蔬果泥与瓶装蔬果泥的对比

★ 营养方面：蔬菜、水果中维生素 B_2、叶酸、维生素 C 等对光、热均较为敏感，不耐储存。自制蔬果泥现吃现做，避免了长时间的储存，营养价值略胜一筹。

★ 口感方面：瓶装蔬果泥口感细腻，细滑软嫩，香味比自制蔬果泥更加浓郁，色泽也更加鲜亮；但自制蔬果泥可根据宝宝咀嚼、吞咽能力的发展逐步调整食物颗粒的大小，有利于宝宝咀嚼能力的进步。

★ 便捷性方面：瓶装蔬果泥方便携带，无论是在家还是外出，妈妈都可以方便取用；自制蔬果泥则需要现吃现做。

★ 价格方面：国内一瓶 100 克的蔬果泥将近 10 元钱，进口蔬果泥价格更贵一些；自制蔬果泥即便选用有机蔬菜、水果，但由于宝宝食量有限，在此方面的花费远比瓶装蔬果泥便宜。

★ 品种方面：由于加工工艺所限，瓶装蔬果泥多集中在苹果、芒果、南瓜、胡萝卜、豌豆等种类，而水分含量较为丰富、保存难度较大的叶类蔬菜则较为少见。因此，如果仅选择瓶装蔬果泥作为宝宝蔬果添加的方式，营养过于单一。

鸡蛋

鸡蛋的营养价值很高，消化利用率居动物性蛋白质之首，是优质蛋白的重要来源。但是蛋黄与蛋清的营养组成有非常大的差异。

蛋黄中无论是矿物质、脂肪，还是蛋白质、维生素含量都要明显优于蛋清部分。**鸡蛋中的脂类 98% 集中在蛋黄，是补充大脑营养的佳品。**

蛋清中除水分外，占比最大的是蛋白质，但分子较小。宝宝消化道黏膜屏障发育尚不完全，蛋清中的蛋白质分子很容易透过肠壁黏膜进入血液，引起过敏反应。虽然有些宝宝在一岁前吃蛋清后并未出现过敏反应，但是我们还是建议辅食添加应安全稳妥，不宜操之过急，**在宝宝满一岁后再尝试蛋清。**

肉类

宝宝辅食中添加肉类需要注意恰当的时间和适宜的形态，具体要求如下：

肉类要在米粉、蔬果泥之后添加

肉类富含蛋白质，胃肠功能发育不完善的宝宝吃了以后，可能会引起食物不耐受或者过敏；肉类加工不当也可能引起宝宝消化不良、腹泻等。因此，肉类应该在宝宝吃过米粉、蔬果泥等辅食之后再尝试添加。

从鱼肉开始，逐渐过渡到禽肉、畜肉

鱼、虾肉的纤维成分较少，肉质鲜嫩，易于消化吸收，特别适合婴幼儿消化道尚不健全的特点。而且鱼虾类脂肪酸中，EPA、DHA 含量较高，对婴幼儿神经系统发育有良好的作用。

少量添加，仔细观察

添加肉类的量要由少到多，同时仔细观察宝宝进食后是否出现过敏或食物不耐受现象。

自制肉糜，远离加工肉制品

将肉类加工成泥状、肉糜状，能增加宝宝的接受程度，也方便宝宝消化吸收。新手爸妈千万不可贪图方便，把加工肉制品引入宝宝辅食，加工肉制品主要有以下几点危害：

• 加工肉类中的各种添加剂会给宝宝的肝肾代谢增加负担。

• 加工肉类亚硝酸盐含量过高，会增加致癌风险。

• 加工肉类往往味道“浓厚”，宝宝很容易“上瘾”，由此发展为挑食、偏食。

专家推荐

鳗鱼大米粥

材料：鳗鱼、大米粥各适量。

做法：①鳗鱼清洗干净，切碎。②粥底熬开，加入鳗鱼，大火煮滚后，转文火继续煮 15 分钟即可。

解读：鳗鱼脂肪中的 DHA 含量达到 6%，称得上是DHA最丰富的来源之一。

鸡肉蘑菇泥

材料：鸡肉、鲜蘑菇各适量。

做法：①鸡肉洗净，鲜蘑菇择洗干净，切成条。②将鸡肉、鲜蘑菇放入锅内，加清水，煮开后改小火，将鸡肉炖至烂熟时停火。③把鸡肉、蘑菇捞出，剁成泥状即可。

解读：肉类制成辅食时，尽量不要添加过多调味品。宝宝味蕾非常敏感，“重口味”的刺激会让宝宝味觉钝化，从而拒绝味道清淡的其他食物，出现挑食、偏食现象。

豆腐鱼泥

材料：鱼、豆腐各适量。

做法：①将鱼洗净，去刺去皮，斜切成鱼片，豆腐切片。②油温六成热时，将鱼肉片炒至两面金黄，放少许番茄酱及适量清水炖煮。③开锅后，放入豆腐片，小火炖至鱼肉烂熟，汤快收干时离火。④盛出鱼肉，同豆腐一起碾碎成泥状即可。

解读：将鱼肉加工成鱼泥，有利于宝宝咀嚼、消化吸收。

水果

随着宝宝接触的辅食种类越来越多，水果也逐渐进入了宝宝的食谱。色彩丰富、口感酸甜、形状可爱的各种水果富含水分、维生素和膳食纤维，作为辅食不仅能补充营养，还能激发宝宝进食的兴趣，的确两全其美。

不过，宝宝的肠胃功能毕竟还未发育完全，添加水果不宜过多，新鲜、适量才是王道！另外，还需要注意以下几个问题：

✿ 不经意间，丢掉新鲜？

给宝宝吃水果要确保新鲜，这众所周知。妈妈们当然不会将明显变质的水果喂给宝宝，但您是否曾将宝宝吃了一半的水果收起来，等到宝宝想吃时又重新喂给他？

富含糖分的果肉，一旦暴露在空气中就极易成为细菌繁殖的“沃土”。同时，长时间放置在空气中会使水果中多种植物化学物质被氧化，从而降低营养价值。所以，妈妈们一定要注意，不要在您不经意间使水果丢掉新鲜。

✿ 吃水果，喝水果？

为了让宝宝“多吃”水果，很多妈妈会用新鲜水果煮一锅水果水让宝宝喝，甚至将宝宝的日常饮用水都换成水果水，认为这样能让宝宝多摄入水果中的营养成分。这样的做法并不科学。

“喝水果”不如“吃水果”！清洗干净的水果，去皮后直接捣成泥状喂给宝宝，现做现吃，既方便安全，又营养充足。

水果水存在四大健康隐患

- 长时间的煮沸会将水果中大量不耐高温的维生素破坏。
- 煮水果水抛弃了水果中丰富的膳食纤维，不利于帮助宝宝排便。
- 水果水中的大量糖分不仅会使宝宝味觉钝化，拒绝味道清淡的饮食和白开水，还会给宝宝埋下龋齿的隐患。
- 煮出的水果水若不能一次性喝完，放置后也难免滋生细菌，从而影响宝宝饮食安全。

✿ 喜欢就能敞开吃?

宝宝的辅食由口味清淡的米粉过渡到水果泥后，酸甜适口的味道难免让宝宝爱不释“口”，这时家长千万不能为了取悦宝宝而不顾吃水果的适量原则。

一方面，水果毕竟是辅食的一种，对于 1 岁半以前的宝宝而言，母乳或配方奶粉仍坚定地占据主食地位。过多摄入某种辅食势必会影响宝宝对主食的摄入量，也就无法保证充足的能量供应，从而影响宝宝的正常生长发育。

另一方面，很多水果性偏寒凉，且以鲜吃为主，若一次性大量摄取，可能会导致宝宝脾胃寒凉而引起腹痛、腹泻。

养育宝宝需要付出大量的心血，一丝一毫都马虎不得，哪怕是吃一颗水果，也要注意吃的时间、方式和适宜的量。希望妈妈们掌握科学的育儿知识，养育健康的宝宝！

鲜榨玉米猕猴桃汁

材料：猕猴桃、鲜玉米各适量。

做法：①猕猴桃去皮，鲜玉米剥成粒，煮熟备用。②将煮好的甜玉米粒、去皮的猕猴桃果肉加入搅拌机搅拌，装杯即可。

解读：用料理机、榨汁机制作的果蔬汁并不等同于长时间煮制而成的蔬菜、水果水。鲜榨果汁能较好地保留蔬果中绝大部分维生素，而长时间煮制的蔬菜、水果水破坏了大量对热敏感的维生素。

专题

特殊情况，宝宝应该怎么吃？

消化不良

宝宝的胃肠道发育尚未成熟，观察宝宝大便时，经常会发现其中夹杂着大量未经消化的食物颗粒，还会出现口中异味、腹胀、腹痛、打嗝等情况。这些都是消化不良最常见的情况。

宝宝的消化不良问题大多是由喂养不当造成的，这时候家长应从饮食入手，注意喂养方法，做好饮食调整。

宝宝消化不良的常见饮食原因：

食物颗粒过大。宝宝的消化系统尚待发育，消化酶活性较低，消化液分泌也不充足，大部分牙齿还未萌出。因此，在辅食添加的初期，食物一定要做得软、烂、细，而后再根据宝宝的发育情况逐步将食物从流质、半流质过渡到固体的食物。

新食物添加过快。宝宝在尝试新食物时应有充分适应的时间，大概为 3 ~ 5 天。新添加食物的量也应从少到多，逐步增加。有些宝宝对新食物的味道非常喜欢，一下子胃口大开，家长如果不加控制喂得太多，宝宝就容易出现消化不良的情况。

食物搭配不合理。宝宝的发育需要多种不同的营养物质，包括碳水化合物、蛋白质、脂肪、维生素、矿物质、纤维素和水等，这些营养物质都需要从食物中合理摄取。所以，主食、鱼、肉、蛋、奶、蔬果等等都是宝宝不可缺少的食物，家长应做到合理搭配，避免偏废任何一种食物。

除此以外，宝宝的消化不良问题还可能是由腹部受凉引起的肠胃蠕动异常所致，家长在日常护理时应注意预防。

消化不良虽说是婴幼儿常见病症，但时间过长很有可能会导致严重后果：

- 容易导致孩子体虚，常出虚汗。
- 睡觉磨牙。
- 比较容易出现过敏现象。
- 影响身体发育。
- 会使孩子身体热量不足。
- 孩子容易生病，反应迟钝。

对于消化不良，预防重于治疗，家长应从小帮助宝宝建立起正确的饮食习惯。

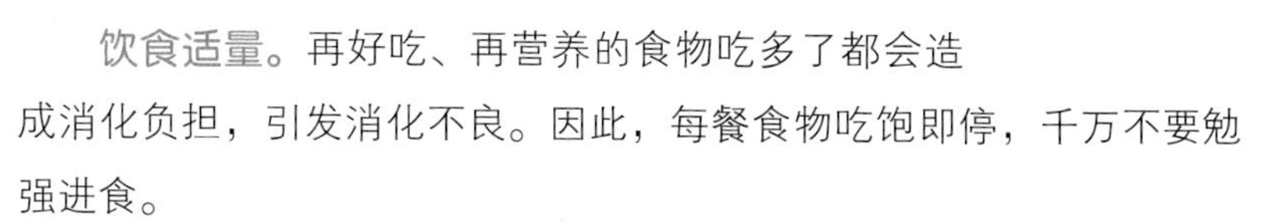

饮食适量。再好吃、再营养的食物吃多了都会造成消化负担，引发消化不良。因此，每餐食物吃饱即停，千万不要勉强进食。

细嚼慢咽。吃饭太快，食物未经牙齿的充分咀嚼就进入胃中，必然会增加肠胃的消化负担。因此，我们应该提醒宝宝，吃饭不宜过快，要做到细嚼慢咽。

生冷油腻要少吃。温度过低的食物会刺激肠胃，富含油脂的食物会不易消化，这两种食物自然不适合宝宝娇嫩的肠胃，即便是对于大一些的宝宝，也要告诉他们，这些食物尝尝就好。

每天定时排便。大便的顺利排出是宝宝肠道正常工作的前提。家长可每天早饭后安排宝宝排便，这有助于宝宝的消化系统建立胃—结肠反射，只需坚持一段时间，宝宝就会自然定时顺利排出大便了。

保障宝宝身体其他部位的健康。要做好各种疾病的预防以保证宝宝整个身体机制的健全，便于更早观察到宝宝消化不良的症状。

通常，宝宝的消化不良只是暂时性的，通过饮食调整短时间内就可以康复，但是如果宝宝长期感觉肠胃不适，反复出现消化问题，则应去医院检查，针对问题尽早治疗。

7 ~ 9个月，增强宝宝的咀嚼能力

添加辅食的原则

宝宝需要更丰富的辅食

这个时期的宝宝，生长发育速度依然很快，营养需求也更大。因此，在保证母乳或配方奶足量摄入的基础上，应该给宝宝提供更加丰富的辅食。

首先，7个月后宝宝开始萌出乳牙，因此辅食的性状也应该从泥糊状慢慢过渡到细软固体食物，以促进宝宝咀嚼功能的发育和完善，比如可以增加烂面条、软饭、米粥、全蛋羹、碎菜、肉末，以及切成薄片的水果等。

其次，为了给宝宝奠定不挑食、不偏食的良好饮食习惯，需要在此时开始丰富辅食种类。确保每日辅食中有谷类、蔬菜、水果和动物性食品，而且要以充分的耐心让宝宝尝试新的食物。

适当添加干、硬的食物

宝宝乳牙萌出时，常常会感到一些不适，这时可能会表现出口水增多，啃咬手指、硬物的行为。观察到这些现象，妈妈应及时向宝宝辅食中增加一些偏硬的食物，帮助宝宝“磨牙”，缓解宝宝不适。

✿ 有利于乳牙萌出的辅食

一些耐咀嚼、体积偏大、质地粗糙的食物都能帮助乳牙萌出，如烂面条、碎面包、软饭、蔬菜末、水果块等。当然，在这个过程中也不能一味追求食物形态的干和硬，而是要根据宝宝的接受程度，观察宝宝粪便判断消化情况，综合决定辅食种类。

Tips

任何食物都无法相互替代，让宝宝尝试更多种类的食物很有必要。

菠菜猪肝小米粥

材料：菠菜、猪肝、小米各适量。

做法：猪肝做成泥糊状或碎末，菠菜切碎，加入小米粥中同煮。

解读：猪肝含有丰富的维生素A，菠菜富含维生素C、维生素B_2以及叶酸，小米能提供较多的维生素B_1、胡萝卜素。

磨牙棒

目前市面上有不少磨牙产品，但是有一定的安全隐患。

能吃的磨牙产品可能为了口感更好而添加太多的调味品，或者质地过于松脆，容易引起宝宝呛咳。

磨牙玩具类由于具有一定的颜色、造型，宝宝可能会在长时间咀嚼时吞下色素，甚至因细小配件脱落而引起窒息。

妈妈可在家自制安全的磨牙棒。将蛋黄搅拌成蛋液，加入面粉搅拌成面团，放置30分钟后将面团搓成小指粗细的小条。小条放入烤箱中烘烤6分钟即成。

另外，妈妈还可制作磨牙蔬菜棒。胡萝卜放沸水中快速煮熟，与黄瓜切成同手指大小的条形，凉凉后即可给宝宝吃。或者地瓜蒸熟，去皮后切成手指大小的条形，放微波炉里稍微烘烤除去水分，待软硬适中即可给宝宝吃。

开始试着让宝宝自己啃水果

多大的宝宝可以啃水果？

宝宝在7个月以后乳牙开始萌出，产生了啃咬硬物的意愿，这时就可以让他啃水果了，既能帮助乳牙萌出，还能摄入一定的维生素和水分。

哪些水果适合宝宝啃？

这个时期选择水果不仅要求水分和维生素充足，方便生吃，同时还要色泽鲜艳，且具有一定的硬度，比较耐咀嚼，这样才能刺激宝宝啃咬的冲动，起到“磨牙”的作用。苹果、香蕉、草莓、橙子、西瓜、蜜瓜等都是不错的选择。

啃水果有何讲究？

清洗干净。让宝宝啃水果之前，要注意将水果彻底清洗干净，去皮、去核，并切成方便宝宝小手握持的块状，鼓励宝宝自己拿取水果，并自己进食。

水果要新鲜。一方面是指选择应季、新鲜的水果；另一方面是指水果要现洗现切现吃，以免滋生细菌引起宝宝腹泻。

时刻监护，防止意外。即便宝宝已经具有自我进食的意愿和能力，家长也要在一旁照看，防止发生食物卡喉，引起呛咳甚至窒息的情况。

注意补充蛋白质

禽畜肉、蛋类、牛奶、大豆及其制品都是优质蛋白的良好来源。另外，谷物与大豆搭配进食，能通过蛋白质的互补作用，提高二者蛋白质的质量。

为此阶段的宝宝补充蛋白质时要注意以下两个问题：

- **不能直接喂蛋白粉、液态奶**

由于普通鲜奶、蛋白粉中的蛋白质和矿物质含量远高于母乳或配方奶粉，会增加宝宝的肾脏负担，因此 3 岁以前的婴幼儿尽量不要直接喂普通液态奶或蛋白粉。父母可以将液态奶制成其他美食作为辅食进行添加，如牛奶炖蛋、牛奶米粥等。

- **蛋白质食物的添加要谨慎**

给宝宝补充蛋白质，既要注意种类，更要注意数量。尽管蛋白质营养价值高，但由于其代谢过程复杂，摄入过多仍会增加宝宝肝肾代谢负担，还可能引起食物不耐受或过敏；此外，动物性食品提供蛋白质的同时，也提供了大量脂肪。所以蛋白质食物的添加要谨慎。

Tips

7～9个月的宝宝在保证每日母乳或配方奶摄入充足的情况下，额外添加 80 克左右的谷类食物、1 个鸡蛋（1 岁以前宜吃蛋黄）、30 克左右的鱼禽畜肉即可满足其一天的蛋白质需求。

牛奶嫩蛋羹

材料：牛奶、鸡蛋各适量。

做法：牛奶和鸡蛋搅匀后，尽量除去表层气泡，避免蛋羹出现蜂窝孔。上锅直接蒸即可。

解读：牛奶和鸡蛋维生素含量均较高，种类也较为全面，是各类维生素的良好来源。

注意补充锌元素

锌是人体必需的微量元素，缺锌会直接影响宝宝的生长发育。

充足的锌是钙质吸收利用的基础。

机体内缺锌会使脑细胞数目减少，尤其是在 3 岁以前，缺锌会严重影响大脑发育。

锌缺乏会导致味觉下降，出现厌食、偏食甚至发展为异食癖。

锌缺乏时体内淋巴细胞分化异常，免疫功能下降。

缺锌影响儿童生殖功能发育。青春期儿童缺锌常会导致第二性征出现延迟，生殖功能发育异常。

补锌靠食物还是靠药物？

由于锌对宝宝的发育影响很大，因此很多家长会“例行公事”地给宝宝服用各类锌补充剂。事实上，我们更提倡通过食物补充锌元素，原因有三：

- 单纯补充锌制剂，而不摄入足够的动物蛋白，锌元素将无法取得很好的吸收利用效果。
- 锌补充剂种类繁多，规格不统一，选择不当很容易造成摄入过量。
- 过多补充锌元素，会影响其他微量元素的吸收。因为很多微量元素之间具有吸收拮抗作用，当单一性地、过量地补充某一种微量元素时，都会影响其他微量元素（如钙、铁等）的吸收利用。

专家推荐

牡蛎肉末粥

材料：鲜牡蛎、猪肉末、大米、胡萝卜末各适量。

做法：鲜牡蛎肉洗净，切成碎末。与猪肉末、大米同放入锅内，加水熬煮 30 分钟。撒上胡萝卜末即可。

解读：动物蛋白能提高锌在体内的利用率。因此，贝类、鱼类、瘦肉、坚果等食物既富含锌元素，又能提供大量优质蛋白，补锌效果优于单纯摄入锌制剂。

豆制品

想给宝宝补充优质蛋白，又怕吃太多肉脂肪供给超标，可以尝试豆制品。豆制品中的优质蛋白既丰富又有利于宝宝的消化吸收。

妈妈们经常会遇到以下两个问题：

✿ 大豆蛋白和动物蛋白哪个质量好？

大豆的蛋白质含量高达 35% ~ 45%，是植物性食物中蛋白质含量最高的作物。从营养素密度来计算，大豆的蛋白质含量比不上鱼、禽、畜肉。

但由于我们日常以谷类为主食，谷类和大豆存在蛋白质互补作用，这样就提高了蛋白质的质量和利用率，因此大豆及其制品可以很好地满足人体的蛋白质需求。

✿ 哪些豆制品更有利于宝宝健康？

6 个月以上的宝宝可以尝试吃点煮熟的豆腐，优先选择老豆腐、嫩豆腐，它们营养价值相对较高，且软硬适中。

专家推荐

豆腐泥

材料：嫩豆腐适量。
做法：取 50 克嫩豆腐，小火蒸 10 分钟，取出压成泥即可喂食。

鱼泥豆腐丸

材料：鱼肉、豆腐各适量。
做法：鱼肉洗净煮七分熟，去鱼皮、鱼刺后与豆腐一起研碎成泥（也可加入蔬菜末），搓成丸子，上锅小火蒸 15 分钟即可。

肉松豆腐羹

材料：豆腐、小白菜、肉松各适量。
做法：①豆腐入沸水煮过，研碎。②小白菜洗净焯水，切碎与豆腐混匀成泥，加水淀粉勾芡。③在豆腐泥表面撒一层肉松，放蒸锅内蒸 10 分钟即可。
解读：豆类中含有一些抗营养物质，会影响营养素的吸收利用。充分加热的豆浆和豆腐则除去了豆类中的各类抗营养物质。

蔬菜、水果

如果宝宝辅食加工过细过精，且没有足够的蔬菜和水果，就容易导致膳食纤维摄入不足而引起便秘。那么，如何增加宝宝膳食中的蔬菜和水果呢？

✿ 从容易咀嚼的蔬菜、水果开始

宝宝辅食从泥糊状逐渐过渡到颗粒状、块状的蔬菜、水果时，要注意循序渐进。从容易咀嚼的蔬菜、水果开始，如瓜茄类蔬菜、较绵软的水果等，让宝宝逐步适应，以免因为咀嚼困难而产生抵触情绪，造成后续辅食添加受阻。

✿ 蔬菜、水果加工要适度

蔬菜、水果加工要适度，既不能太过粗糙，使宝宝因咀嚼困难而放弃，也不能过于精细，膳食纤维含量太少，起不到锻炼宝宝咀嚼能力、促进乳牙萌出的作用。应该根据不同蔬菜、水果的特性进行加工，能够鲜吃的可以进行简单加工，需要焯水、煮熟的也要尽量提高营养素的保留率。

总而言之，给宝宝添加蔬菜、水果要“因类制宜”，合理加工，才能达到补充维生素和膳食纤维、锻炼宝宝进食能力的目的。

各类蔬菜水果的加工方式

★ 水果。洗净后去皮去核，切成碎末或细小颗粒即可。如果水果温度较低，可以隔水温热后再给宝宝吃。

★ 绿叶菜。流水冲洗 5 分钟以上，将整棵菜在沸水中焯一下，然后切碎末即可。

★ 根茎菜（如薯类、南瓜、胡萝卜）。洗净去皮，上锅蒸熟或煮熟，切成小块、碎末即可食用。

此阶段常见辅食的喂法

肉类

很多家长喜欢让宝宝只喝鱼汤、肉汤。“营养在汤汁”是一句老话，说的是汤中的营养成分非常丰富，远远超过肉类本身。事实真的如此吗？

大量的研究表明，**肉汤中的营养价值不足肉本身的1/10**，肉中少量的水溶性维生素、矿物质会进入汤中，而非水溶性的蛋白质90%仍然保留在肉中。因此，只喝汤不吃肉无法满足宝宝生长发育的需要，想让宝宝得到肉中的营养，最好的办法还是直接吃肉。

由于这个阶段的宝宝牙齿还未长全，咀嚼能力有限，所以，家长在加工肉的时候不妨选择肌肉纤维较为柔软的鱼肉、虾肉，或者将肉加工成肉馅。妈妈们还可以亲自动手做些无添加、纯天然的肉松，加在宝宝的米粉糊、蛋羹中，肯定让宝宝胃口大开。

专家推荐

家庭自制肉松

材料：瘦肉、核桃、芝麻各适量。

做法：①瘦肉500克，去筋、去肥肉切成小块，水中放葱段、姜片去味，加入肉块煮熟到一捻就碎的程度。②捞出控水，晾至半干，用擀面杖反复擀成蓉状。③锅内加少许油润锅，将肉蓉倒入，用炒勺反复捻按，使肌肉纤维散开，炒至脱去水分。④出锅前可加入核桃碎或芝麻粉，混合均匀。

解读：肉松香味浓郁，味道鲜美，易于消化。

粗粮

宝宝的牙齿还未长全，消化能力尚待发育，大多数家长都将“柔软、易消化”作为给宝宝做饭的基本原则。其实，粗粮对于宝宝的成长同样重要。

❀ 促进肠胃蠕动

粗粮中含有大量膳食纤维，可以增加粪便的体积，促进肠道蠕动，预防便秘。膳食纤维还可以和食物中的重金属等有害物质相结合，促进其排出体外。

❀ 营养更全面

精米、白面之所以洁白细腻，是由于去除了种子外层粗糙的部分，保留了中心部分细白柔软的胚乳。然而，粮食中维生素和矿物质含量最丰富的部分，就在粗糙外皮当中。

❀ 牙齿更健康

此阶段正值宝宝的长牙期，咀嚼可以帮助宝宝按摩牙龈，促进牙齿的萌出，同时也可以对已长出的牙齿起到很好的清洁作用。另外，反复的咀嚼可以帮助宝宝锻炼面部肌肉，对于宝宝日后准确发音大有帮助。

Tips

7～9个月的宝宝可以尝试少量添加粗粮。应从质地相对较细的品种开始，加工方法则需要粗粮细作，比如豆面、细玉米面与白面混合制成的小窝头，加入红薯、山药的小米粥，用鲜玉米研磨而成的玉米羹都是不错的选择。

Tips

所谓粗粮主要包括玉米、小米等全谷物，绿豆、红豆、芸豆等杂豆，以及红薯、山药等块茎类食物。

杂粮小窝头

材料：玉米面、白面、牛奶、小苏打各适量。

做法：①玉米面、白面与牛奶和小苏打充分混合均匀，倒入温水。揉成偏软的面团，切成长条，分成约 20 克的小段。②取一小段，揉光滑后将滑面朝外，拇指稍蘸点儿水从底部戳进一个窝，边转圈边将边缘捏得厚薄一致。③布浸湿后攥掉水分，铺在笼屉底部，将做好的生坯逐个摆入，开水上屉，大火蒸 10 分钟即可。

解读：宝宝摄入粗粮的总量应控制好，身体瘦弱、经常腹泻的宝宝则要尽量选择细粮，以免加重肠胃的负担，影响宝宝营养素的吸收。

特殊情况，宝宝应该怎么吃？

腹泻

真的是腹泻吗？

宝宝粪便偏软、偏稀、不成形，不一定是腹泻。需要观察以下几点来进行区分：

- 大便次数明显增多，呈糊状、蛋花汤样或稀水样，颜色改变，呈现黄绿色，甚至混有黏液和脓血。
- 发热、精神欠佳、食欲不振，甚至恶心、呕吐。
- 严重者伴有口唇干燥、尿量减少等脱水症状。

宝宝为何腹泻？

宝宝腹泻的原因十分复杂，主要可以分为膳食因素、疾病因素、养育因素和气候因素四个方面。

膳食因素。喂养不当、饮食失调引起的食物不消化、乳糖不耐受、食物过敏等。

疾病因素。病毒、细菌、寄生虫等感染所引起的腹泻。

养育因素。腹部受凉、滥用抗生素引起的肠道菌群紊乱等。

气候因素。季节变化引起的气候剧变，宝宝免疫力下降，同时病毒、细菌繁殖加剧，引起宝宝腹泻。

如何进行简单处理？

宝宝腹泻原因复杂，父母应当认真分析可能的原因，并有针对性地进行调整。此外，腹泻期间也要持续喂养母乳和辅食（严重呕吐者例外），切莫因腹泻停止进食，引起宝宝营养不良。另外，还需要特别注意以下几个方面的处理：

调整宝宝饮食。检查宝宝膳食的卫生情况，去除新近增加的辅食，以及可能引起过敏和不耐受的食物，同时调整辅食性状和数量，将辅食加工得更加细致，少量多餐喂养。

及时补充水分。腹泻过频会导致宝宝脱水，常表现为口唇干燥、烦躁哭闹、尿少等。要通过多饮水、增加母乳喂养次数、口服补液盐等方式预防脱水。

注意保护宝宝臀部皮肤。大便次数增加和形状改变，可能会损害宝宝肛门周围的皮肤健康。家长应勤换尿布，用清水清洗宝宝屁股，并保持臀部皮肤干燥。

时刻观察病情发展，及时就医。家长要时刻注意观察宝宝腹泻状况是否好转，如果病情持续发展，没有好转迹象，需及时就医。

厌食

宝宝厌食的常见原因

辅食添加不当。辅食添加不当有两种可能情况。一种是添加的辅食种类宝宝尚不能消化，或者食物性状粗糙、偏硬，宝宝进食遇到困难，这都会让宝宝对进食出现“畏难”情绪；另一种是辅食加工时加入了过多的调味品，使宝宝对辅食产生了强烈的兴趣，从而拒绝母乳、配方奶等主食。

体内缺乏锌。锌是唾液中味觉素的组成成分之一，锌缺乏会影响宝宝味蕾的功能，造成味觉异常，从而出现挑食、偏食甚至异食癖。

喂养不科学。部分家长给宝宝吃很多“高营养”“高蛋白”的食物，造成膳食营养失衡，宝宝的肠胃功能受到影响，从而食欲不振。或者宝宝的饮食不规律，进食环境差，边吃边玩，零食不断，使其无法养成良好的进食习惯，很难有饥饿的感觉，因此对进食失去兴趣。

疾病或药物原因。一些疾病会影响宝宝胃肠道的消化功能；滥用抗生素、盲目补充各类营养素补充剂也会造成宝宝肠胃和肝肾系统负担，影响宝宝食欲。

如何预防宝宝厌食?

科学喂养，合理添加辅食。掌握不同阶段宝宝的营养需求，科学搭配膳食，及时添加辅食，确保宝宝膳食中有充足的蛋白质、钙、铁和锌等营养素。

营造安静的就餐环境，培养良好的进食习惯。家长应确保宝宝就餐环境安静无干扰，不看电视、不闲聊、不嬉闹，为宝宝做好认真吃饭的榜样。同时要做到吃少了不批评、吃多了不阻拦，引导宝宝养成定时、定量吃饭的习惯。

变化烹饪方式，增加食物色香味。通过不同的烹饪手段，制作出色彩鲜艳、形状各异的食物，激发宝宝进食的兴趣。

专家推荐

多彩蔬果沙拉

材料：水果和蔬菜（苹果、橙子、香蕉、胡萝卜、油菜等）各适量。

做法：选择新鲜水果，洗净去皮去核，切成小块或颗粒状。蔬菜需焯水或煮熟后切成碎末或小块。

解读：各类水果中含有除维生素D和维生素B_{12}之外的所有维生素，尽管B族维生素含量偏低，但维生素C、胡萝卜素的含量丰富。

10 ~ 12 个月，让食物逐渐替代母乳

添加辅食的原则

保证本阶段营养需求，为离乳做准备

快要满一岁的宝宝食量大增，能吃的食物也越来越丰富，对辅食的渴望日益强烈。此时宝宝辅食需要一日多餐，从乳类逐渐过渡到以谷类为主。把握好这个过渡时期的辅食搭配，对宝宝的自然离乳有很大帮助。

此阶段的辅食，在制作时要遵循一定的原则：

食物种类要丰富。1 岁前的宝宝生长发育极其迅速，辅食种类应当非常丰富，才能满足身体及大脑发育所需的各类营养物质，同时还能使宝宝养成不挑食、不偏食的饮食习惯。

辅食中应当搭配较多的谷物。谷物类辅食有泥糊状的米粉、米糊，或者耐咀嚼的软饭、烂面条等。

应做到一日三餐，定时定点喂。早上七点半、中午十二点半、晚上五点可给宝宝吃饭，上午、下午和晚餐后两小时要给宝宝增加水果。喝奶的时间可以调整到早晨起床后和晚上睡觉前，如早上六点和晚上九点。

不能为了讨好宝宝而添加调味品。无论宝宝进食量如何，3 岁以前都要坚持不用或少用调味品。

此阶段宝宝的膳食原则

- 此阶段母乳或配方奶的主食地位仍不能动摇，应该保证每日摄入 600 ~ 800 毫升母乳或配方奶。
- 每日辅食中谷类应达到 40 ~ 110 克，可以是米粉、软饭、烂面条或小饺子、小馄饨等固体食物。
- 为保证优质蛋白供应，每日应摄入 1 个全蛋或蛋黄，鱼、禽、畜肉 25 ~ 40 克。
- 每日摄入蔬菜类和水果类各 25 ~ 50 克。
- 膳食中植物油达到 5 ~ 10 克 / 天。

让宝宝的饭菜变得“色香味俱全”

色——巧用食物原色

多彩食物更容易吸引宝宝的注意，要巧妙利用天然食物的颜色，比如用菠菜汁、甘蓝汁、胡萝卜汁和面，做出彩色的面条、馒头、包子、水饺等。

香——擅用增香食物

很多食物具有天然的香味和鲜味。鸡肉、猪肉在烹制时，即便不加任何调味品也会飘出阵阵香味；海鲜、菌菇、竹笋等食材，与生俱来带有特别的鲜味，勾人食欲。

味——爱上自然的味道

在制作辅食时，要凸显食物的原味，尽量不要添加调味品。

专家推荐

五彩小馄饨

材料： 胡萝卜、菠菜、西红柿、紫甘蓝、面粉各适量。

做法： ①胡萝卜、菠菜、西红柿和紫甘蓝洗干净，加少量水，分别用榨汁机或料理机榨汁。②把 500 克面粉分成 4 份，分别加入 50 克不同的菜泥汁。③和好面团后醒 20 分钟，按包馄饨的流程包入馅料，煮熟即可。

解读： 妈妈们可以在餐具的颜色上多下功夫，使用色彩明亮、清新、和食物颜色对比强烈的餐具。

飘香牛肉粥

材料： 牛肉、大米、菠菜各适量。

做法： ①牛肉适量，切成碎末，加入亚麻油、胡椒粉、生姜片，抓均匀后腌半个小时。②大米放一滴油泡 1 个小时，菠菜放开水里烫 30 秒捞出来，洗干净切末。③将葱末、生姜丝、泡过的大米放入锅中煮稠浓，加入牛肉末，等牛肉变色后加入菠菜末。

解读： 擅用这些天然的增香食物，可以很好地提升宝宝膳食的“喷香”指数。

可爱鹌鹑蛋

材料： 鹌鹑蛋、橙子皮、黑芝麻各适量。

做法： ①用小刀片出一小片橙子皮，切出小三角，当作“嘴巴”。切出齿轮状，装饰“头顶”。②鹌鹑蛋放入水中煮熟后，过遍凉开水。用小刀划出小口，分别安装上“嘴巴”和“头顶”，最后再用黑芝麻点缀出眼睛。

解读： 妈妈们可以在食物的形态上多多用心，比如将食物做成小动物、花花草草、卡通形象等，这些都会让宝宝感受到进食是一件非常快乐的事情。

坚持“两少两无”的原则

3 岁以内的宝宝，辅食中尽量不要用任何调味品，这里提到的“两少两无”即少糖、少刺激和无盐、无味精。

调味品的使用，一方面可能会造成宝宝味觉钝化，引起挑食、偏食；另一方面，这种口味偏好可能会持续影响宝宝成年后的食物选择，对许多成年期慢性病，如高血压、心脏病的预防不利。

其实，父母对宝宝味觉的引导，早在孕期就已经开始了，孕妈妈和乳母膳食的口味会通过羊水、乳汁慢慢影响宝宝出生后，甚至成年后对味道的偏好。因此，说妈妈担负着塑造宝宝一生健康生活方式的大任一点也不夸张。为了降低宝宝成年后罹患各种慢性病的风险，**从小培养宝宝清淡少盐的饮食习惯是极有必要的。**

“重口味”宝宝如何调整？

那些以往给宝宝膳食中加入糖、盐、味精等调味品，导致宝宝已经表现出挑食、偏食行为的妈妈也不要担心，只要树立正确的观念，采取有效的措施，宝宝的口味是可以调整和逆转的。

- ★ **为宝宝营造“淡口味”的饮食氛围。**确保今后宝宝辅食中尽量少加或不加调味品，同时父母吃饭也要避免“重口味”，让宝宝在“淡口味”的家庭饮食氛围中长大。
- ★ **让宝宝体会吃的乐趣。**运用食物丰富的色彩搭配、可爱的形状吸引宝宝兴趣，甚至可以让宝宝亲自参与食物的制作过程，摆脱仅靠口味吸引宝宝的境况。
- ★ **对宝宝口味的改变要给予及时、积极的表扬和鼓励。**让宝宝明白，吃天然、清淡的食物是值得赞许的。

适当处理“过敏现象”

很多时候宝宝进食某种食物后，一旦出现呕吐、腹泻、皮肤瘙痒等症状，就立刻被判定为对这种食物过敏，从此对这种食物敬而远之。其实这并不一定是食物过敏，**有可能是和食物过敏有着类似反应的食物不耐受。**

由于二者均有胃肠道症状所以容易混淆，但食物不耐受并不意味着要永远告别这种食物，通过多次反复接触，宝宝很可能会接受这种食物。而食物过敏一旦发生，需要及时就医治疗，并且很难在短期内接受这种食物（通常需要完全回避过敏食物3个月以上）。

宝宝接触的食物种类毕竟偏少，只需确定宝宝能够接受基本的辅食，如常见的米、面、蔬菜、水果，以及鱼禽畜肉、蛋、奶、豆类，即可确保宝宝能从日常辅食中获取足够营养。因此，**不必费心费力地将所有食物一一尝试。**即便对一两种常见食物发生过敏，只要有相应的替换食物，合理搭配，一样可以帮助宝宝成长。

宝宝目前对许多食物出现过敏表现，多半是由于宝宝免疫系统尚未发育完善。随着宝宝年龄的增长，免疫功能的逐步完善，某些过敏反应也会逐渐消失。

Tips

有研究表明，到学龄前期，约有85%曾对奶、蛋、大豆和小麦等食物过敏的宝宝，其过敏反应消失了。

预防宝宝过敏，添加辅食时要注意以下几项原则：

- 坚持母乳喂养，避免过早添加辅食。
- 注意辅食品种的选择和添加顺序。
- 掌握循序渐进的辅食添加原则。
- 如果意外情况孩子没有母乳，家族有过敏体质的表现，建议开始使用低敏奶粉喂养。

父母不用因为宝宝对多种食物过敏而担心宝宝长大后食物种类过于局限的问题，因为一朝过敏并不等于终身过敏！当然，也不排除有些食物过敏会持续终身。

此阶段常见辅食的喂法

酸奶

酸奶是一种口感酸甜、营养丰富，而又不会引起宝宝乳糖不耐受的乳制品。因此很多父母会将酸奶作为宝宝的饭后甜点、午间加餐，然而这种做法并不值得提倡。

那么多大的宝宝可以吃酸奶？

我们推荐，**宝宝1岁以后再接触酸奶。**原因在于酸奶是由液态奶发酵而来的，而液态奶中的蛋白质和矿物质远远高于母乳，会增加宝宝肾脏代谢负担，同时大分子蛋白还有可能引起宝宝食物过敏。

不过，如果家长使用相应月龄的婴儿配方奶粉作为原料来自制酸奶，那么1岁以内的宝宝也可以接受。但要注意适当食用，不能替代配方奶的主食地位，且一次性摄入过多的益生菌也有可能引起腹泻。

母乳能否制成酸奶？

用母乳制酸奶仅仅是种设想，不可能成功。这是因为母乳在吸出的过程中必然沾染细菌，而且通常是好氧细菌。这样的“原奶”在酸奶机中经过发酵，繁殖出来的也只能是大量的细菌，无法给乳酸菌一个增殖、发酵的环境。

自制酸奶

材料：婴儿配方奶粉、酸奶、白砂糖各适量。

做法：①所有制备酸奶要用的器皿全部用开水煮沸杀菌。②婴儿配方奶粉按比例冲入温水调匀。③将酸奶、配方奶倒入盆里，搅拌均匀，装入瓶子。④在电饭锅内倒入40摄氏度的温水，放入装好瓶的酸奶液，盖上盖子启动保温功能，发酵5～6个小时，拿出后加入少许白砂糖调味即可。

解读：家庭用配方奶粉自制的酸奶，应当及时储存在冰箱内，尽快吃完，以免变质。若宝宝不能接受酸奶的酸味，可以适当加一点果泥，尽量避免给2岁以内的宝宝用蜂蜜、糖水等调味。

米粉

宝宝添加辅食了，既要吃米粉又要喝奶粉，应该如何搭配呢？这个问题牵扯到奶类和辅食的关系处理，我们分两个方面来进行讨论。

奶粉和米粉，谁先谁后？

每次喂米粉的时间应该在母乳或配方奶喂养之前。由于宝宝进食米粉的量有限，因此在吃完辅食后紧接着喂奶，让宝宝一次性吃饱。这样的顺序一方面凸显了奶类的主食地位，另一方面锻炼了宝宝“饥与饱”的感觉，避免因为在两次喂奶之间添加辅食造成宝宝吃也没吃饱，饿也没饿到的情况。

之所以将辅食安排在奶类之前，就是为了保证宝宝吃过辅食之后还有饿的感觉，从而奶类的进食量就不会因为摄入了辅食而受到明显的影响。

不能用奶冲调米粉

配方奶粉冲调米粉得到的混合食物浓度太高，进入宝宝胃肠道后无法正常吸收利用，会导致营养的浪费。

添加辅食就是为了帮助宝宝从奶类逐渐过渡到谷类食物为主的主食，而两者混合冲调的做法削弱了辅食的过渡意义，让宝宝无法摆脱配方奶的味道，更不容易接受成人食物。由此可见，米粉、配方奶粉还是应该分别冲调，分开喂给，让主食、辅食各司其职。

综上所述，我们并不提倡将米粉和奶类混合喂养。关于如何增加米粉的营养，建议一开始最好用温水冲调米粉，待宝宝完全接受米粉后，再考虑将其他食物，如蔬菜、水果碎、肉末、蛋黄泥等混入米粉中，提升米粉的营养密度。而奶类，就让它自始至终独立发挥作用吧。

特殊情况，宝宝应该怎么吃？

过胖

你家宝宝体重超标吗？

自家宝宝生长发育是否正常，家长可通过绘制宝宝生长曲线来了解。如果宝宝的生长曲线一直在正常值范围内匀速增长即为正常；曲线落在正常范围以外说明宝宝发育存在问题。同时，计算宝宝的 BMI（体质指数）也是判断肥胖的指标，一旦超出相应月龄的正常范围，又没有其他疾病，则说明宝宝体重超标。

胖宝宝，危害大

儿童期肥胖往往与成年期的肥胖密切相关，近八成的儿童期或青春期肥胖会发展为成人肥胖。此外，宝宝出生后头几个月内体重的迅速增加可能会影响到宝宝日后患各类非感染性慢性疾病的风险，如高血压、肥胖、2 型糖尿病、中风、冠心病和癌症等，对社会和家庭造成的医疗负担十分沉重。

从婴儿期开始预防肥胖

蛋白质摄入勿过多。从食物中摄取的优质蛋白质能满足身体需要即可，不可轻易给宝宝添加蛋白粉。这不仅对宝宝肾脏造成极大的代谢负担，还会因为蛋白质过多而刺激体内胰岛素和胰岛素样生长因子 –1 分泌增多，刺激脂肪细胞分化，为成人期肥胖奠定细胞基础。

膳食中要有充足的膳食纤维。增加膳食中纤维素的摄入量，能够有效降低人体对脂肪、糖类、蛋白质的吸收利用效率，从而降低肥胖风险。

增加宝宝运动量。父母应当引导宝宝多趴着、爬行或进行各类增加运动量的游戏，不仅能够增加能量消耗，还有利于运动神经的发育完善。

吃得少

不少家长一发现自家宝宝比同龄宝宝吃得少，就认定宝宝吃得少是因为缺锌，于是开启了漫漫“补锌路”，这种盲目补锌做法不值得赞同。

宝宝是否“吃少了”？

家长要注意，不要拿自家宝宝的进食量和其他宝宝直接比较。判断宝宝是否真的“吃得少”，是否因“吃得少”而影响生长发育，主要应该关注以下几个问题：

宝宝进食意愿是否强烈，进食过程是否顺利。如果宝宝有较强的进食意愿，进食过程也相对顺利，那么宝宝是在根据自身营养需求自主调整进食量。

进食后，宝宝是否表现出应有的饱腹感，进食后心情是否愉悦、满足。如果进食之后宝宝表现得很满足，心情愉快、情绪平和，说明对宝宝而言，他已经吃够了。

观察宝宝进食后的大便情况。如果大便中有原始食物残渣，说明食物应当加工得再精细一些，以便宝宝能充分消化吸收；若宝宝大便比以往增多，说明进食量有些超标，应适当减少喂食量。

监测宝宝生长发育曲线，观察宝宝进食量是否影响了正常生长发育。如果宝宝生长发育速度平稳、正常，则说明进食量相对适宜。

宝宝缘何吃得少？

如果经判断发现宝宝进食量的确不足，那就应该分析原因，对症下药。

缺锌。锌缺乏会直接影响宝宝味觉，造成食欲下降，进食减少。

缺乏 B 族维生素。缺乏 B 族维生素也会影响食欲，并引发口腔溃疡、口角炎等可能影响宝宝食欲的疾病。

零食吃太多。这种做法使宝宝嘴巴和胃肠道经常处于工作状态，不仅降低消化吸收率，还破坏了宝宝的进食规律。

进食环境差。为了让宝宝多吃饭，有些家长开着电视、电脑，和宝宝聊着天、做游戏，甚至追着宝宝喂饭，这样的进餐环境使宝宝注意力无法集中在吃饭这件事上，吃饭时间延长，没吃几口就感觉饱了。

疾病和药物因素的影响。口腔、消化系统疾病都会影响宝宝的进食欲望；滥用抗生素和盲目服用营养素补充剂都有可能影响宝宝的消化吸收功能，从而降低进食量。

3岁前吃对食物，孩子一生好体质

1～2岁这样吃，头脑聪明身体壮

01 1 ~ 1.5 岁，跟进大脑成长期的营养

添加食物的原则

注意补充蛋白质

蛋白质是人体所需的重要营养素，幼儿时期生长发育需要大量的蛋白质来构成组织。优质蛋白质的主要来源有奶、蛋、鱼和其他肉类食品等。

奶类：建议选购对应阶段的幼儿配方奶粉。奶类能提供优质蛋白、钙、维生素 A 和 B 族维生素，这些都是骨骼和大脑发育所必需的营养素。

蛋类：鸡蛋中含有的卵磷脂有提高脑细胞活力、增强记忆和提高智力水平的作用，其中的胆固醇也是构成生物细胞膜及神经组织的重要成分，对幼儿的脑发育具有重要意义。

Tips

1 岁到 1 岁半的宝宝可以尝试吃整蛋了。在鸡蛋的吃法中，营养价值最高、营养最易被吸收的是清水煮蛋。每天摄入鸡蛋 1 个左右即可，注意不要过量。

鱼类：建议多选用深海鱼类，如带鱼、黄花鱼、三文鱼、金枪鱼等。深海鱼中 DHA 含量丰富，DHA 又名“脑黄金”，是神经系统细胞生长的主要元素，也是大脑和视网膜的重要构成成分。

Tips

给宝宝吃鱼的时候，最好选择清蒸的方式，不仅营养损失小，而且原味清淡的口感对幼儿的味觉发育有利。

坚持补钙，让宝宝走得更稳

1 岁后是宝宝学习走路的关键时期，也是自我解放和建立自信的关键阶段。1 岁后的宝宝可以自己站得很稳，行走自如，手脚并用地爬 1 到 2 层台阶。

这个时候是生长发育的高峰期，如果钙的摄入量不能满足生长发育需要的话，就会出现生长迟缓等症状，所以**充足的钙和维生素 D 有助于宝宝骨骼发育得更好，走得更稳。**

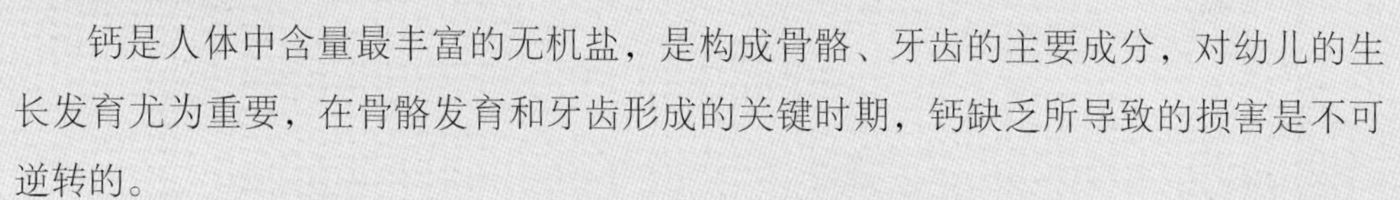

钙是人体中含量最丰富的无机盐，是构成骨骼、牙齿的主要成分，对幼儿的生长发育尤为重要，在骨骼发育和牙齿形成的关键时期，钙缺乏所导致的损害是不可逆转的。

钙沉积在骨骼中需要维生素 D，缺乏维生素 D 会引起佝偻病。维生素 D 的膳食来源较少，主要是通过户外活动时紫外线照射皮肤，使 7- 脱氢胆固醇转变成维生素 D。

下面给宝宝父母三大对策，用来帮助宝宝骨骼发育得更好，让宝宝走得更稳。

✿ 鼓励幼儿多做户外游戏与活动

适宜的阳光照射可促进维生素 D 的形成，对钙质吸收和骨骼发育有重要意义。平均每天要让宝宝到户外活动 2 小时以上，不应全部皮肤都遮盖，但也不要在阳光下暴晒。

✿ 继续给予母乳喂养或其他乳制品，同时保证食物多样

推荐母乳喂养到 2 岁，或每日不少于相当于 350 毫升液体奶的幼儿配方奶粉，但是不能直接喂普通液态奶、成人奶粉或大豆蛋白粉等。如果不能保证摄入适量的奶制品，需要通过其他食物补充优质蛋白质和钙质。

除了奶和奶制品，豆类、坚果类、绿叶蔬菜、各种瓜子也是钙的较好来源，少数食物如虾皮、海带、发菜、芝麻酱等含钙量也比较高，父母可以引进到宝宝的食物里。

Tips

1 岁到 1 岁半的宝宝，每日奶的进食量应该在 400 ~ 600 毫升。大于 1 岁半的宝宝每天奶的进食量要至少 500 毫升。

✿ 纯母乳喂养的宝宝需要每天补充维生素D

宝宝从满两星期开始，每天要口服 400IU 的维生素 D，停止时间要根据喂养方式而定。

- 如果宝宝接受纯母乳喂养达 6 个月，即使已经开始添加辅食，仍需要坚持补充维生素 D。如果添加辅食正常且母乳充足，在 2 岁即可停止补充维生素 D。

- 对于添加配方奶的混合喂养宝宝，家长可以根据配方奶粉的成分表，按照宝宝的食量计算一下，酌情考虑每天应补充维生素 D 的量。如果宝宝开始接受的是全配方奶喂养，每天可达 700 毫升，那就可以满足每天维生素 D 的需求了，不必补充。

如何判断宝宝是否缺钙？

★ 判断宝宝是否缺钙的依据是骨密度与骨矿物质测量。

★ 有丰富临床经验的儿科医生通过问诊、查体基本也能判断宝宝是否缺钙或维生素 D 。

★ 不要轻信一些所谓“高科技”的监测宝宝是否缺钙的不正规检验方法，以免耽误宝宝治疗。

一品补钙鲜汤

材料：青菜、西红柿、鱼丸、紫菜、虾米各适量。

做法：①青菜洗净去根蒂切小段，西红柿切块，鱼丸切片，紫菜、虾米洗净。②锅中加入适量水，放入西红柿煮开，依次加入鱼丸、紫菜、虾米煮 1 分钟，最后加入青菜煮软，加入适量盐。

解读：很多人都忽略了甚至不知道一个常识，青菜也是钙的重要来源之一。

1 ~ 1.5 岁属于幼儿时期，是宝宝快速生长发育的时期，同时也是从以奶类为主食向以普通食物为主食转化的时期，所以这个时期对各种营养素要求比较高。但是宝宝的各项生理功能又没有发育完全，所以许多家长不知道如何选择食物才能让宝宝吃得更营养、更健康。

荤素搭配

荤菜、素菜各有所长，各类营养素之间也存在着相互促进、相互协同的作用。

肉类不仅味道鲜美，也是优质蛋白质的良好来源；素食能够弥补荤菜所缺乏的膳食纤维和部分水溶性维生素。

Tips

1～2岁的幼儿建议每日鱼、蛋、瘦肉的摄入量为100克，蔬菜类150克，水果类150克。

胡萝卜鲈鱼粥

材料：鲈鱼、胡萝卜、白米粥各适量。

做法：①鲈鱼去皮，片成2～3毫米的薄片，胡萝卜洗净切丝。②白米粥煮好后，将鱼片放入锅中，加入胡萝卜搅拌，小火5分钟后关火即可。

解读：鲈鱼肉质鲜嫩，蛋白质含量丰富，脂肪含量低，还含有多不饱和脂肪酸，对宝宝的视网膜和大脑发育有良好的作用。胡萝卜含有丰富的类胡萝卜素，可在体内转化成维生素A，也可以帮助视力发育。

蔬菜鸡肉粥

材料：大米粥、鸡胸肉、青菜、生姜各适量。

做法：①青菜洗净切碎，鸡胸肉切碎。②热锅放少许油，倒入鸡肉末快速煸炒。③炒至鸡肉发白，再放入碎青菜快炒数下。④倒入大米粥和适量开水一起煮开，凉温后即可喂食。

解读：蔬菜鸡肉粥含有丰富的微量元素，对小宝宝的消化吸收和生长发育都有益处。

一日三餐，和大人一起吃

宝宝的三餐可以同大人一起进行，在这个过程中，不仅可以帮助宝宝养成良好的进食习惯，还可以增加亲子之间的交流，增进感情。

一起进餐时，父母需要注意以下几点：

- 尽量做到定时、定量，在固定的餐桌进行。
- 就餐氛围很重要，你吃得津津有味，宝宝自然也会爱上吃饭。
- 家长要以身作则，不要挑食，因为宝宝的模仿能力很强，父母挑食会带给宝宝不良的影响。
- 食物要多样化，不可过于单一，烹调方式尽量选择蒸、煮、炖，少用调味品。
- 给宝宝营造一个轻松、安静的就餐氛围。不要在吃饭的时候看电视、玩手机或者谈论其他事情，否则很容易分散宝宝的注意力。

同宝宝一起吃饭时，父母还可以锻炼他使用勺子、筷子的意识，既能增加吃饭的乐趣，又能锻炼宝宝的动手动脑能力。在这个过程中，父母要注意以下几个问题：

- 宝宝通过自己的努力用餐具吃饭时，家长要进行鼓励，这样宝宝自己也会有成就感，自信心增加。
- 在宝宝使用餐具出现了失败的体验时，父母应该耐心指导纠正，增加宝宝对失败的心理承受能力，这样更有利于他以后适应社会。
- 宝宝虽然可与大人共进餐，但所摄入的食物仍需单独制作。

宝宝挑食怎么办？

- 对他不喜欢的食物在烹调方式、形状和颜色搭配上多下功夫，变换花样，让他慢慢适应这些食物。
- 先在餐桌上放上他喜欢吃的食物，或者一餐做他喜欢的食物，其他两餐做其他食物，这样他就会接受更多的食物。

让宝宝养成自己吃饭的习惯

其实从婴儿时期就要培养宝宝良好的进餐习惯了，幼儿阶段这种进餐习惯要得到加强和巩固。让宝宝养成自己吃饭的好习惯，可以参照以下几点建议：

规律进餐。婴幼儿一天的进餐次数和时间要有规律。进餐流程尽量固定下来，饭前为宝宝洗手、洗脸、围上围嘴，让宝宝建立起良性的条件反射：做完这些动作就该吃饭了。

培养食欲。父母在烹饪时要使食物多样化，尽量做到色、香、味俱全，软烂适宜，以便于幼儿咀嚼和吞咽。

固定环境。尽量为宝宝准备一个专用餐椅，或者在宝宝的后背和左右两边用被子之类的物品将他围住，固定好位置就不要变动。

使用幼儿专用餐具。锻炼宝宝用正确的握匙姿势自己吃饭，这样宝宝就会特别高兴，进而逐渐学会自己吃饭。

安静的进餐氛围。吃饭时，家长不要逗宝宝笑，不要让宝宝哭闹，尽量不要在吃饭的时候看电视，旁边不要摆放玩具，这些都会干扰宝宝进餐时的注意力。

进餐时间合理。幼儿的进餐时间不宜太长也不宜太短，30 分钟比较合适。因为宝宝的消化器官机能尚未完善，咀嚼和消化能力不如成人，肠寄生虫病多见，同时又活泼好动，所以一定要让宝宝养成在规定时间内进食完毕的习惯。

不要追着喂饭。宝宝的注意力被其他事物吸引而不吃饭，这时候家长不要追着他喂饭，因为这不仅会使宝宝养成不好的饮食习惯，还会延长吃饭的时间，从而影响食物的消化和吸收。

怎样才能不追着宝宝喂饭？

- 控制零食，适当增加宝宝运动量，确保宝宝有饥饿感以后，再吃正餐。
- 为宝宝提供固定的餐椅、餐具。
- 习惯贵在坚持。要和家里的宝宝做好沟通，养成定时、定点、定量吃饭的习惯。

此阶段常见食物的喂法

海鲜

从母乳中吸收大量DHA的儿童，其学习记忆能力也相应高一些。有一项调查显示，每100毫升母乳中DHA的含量，美国人约7毫克，澳大利亚人约10毫克，日本人约22毫克。日本儿童的智商高，和他们常吃海鲜是有关系的。

1岁后的宝宝正在生长发育的关键时期，每周建议给宝宝吃1～2次海鲜，主要包括鱼类和虾类。

鱼类主要含有以下几种营养物质：

• 丰富的DHA。

• 不仅蛋白质含量高，而且其氨基酸组成适合宝宝的需要和吸收。

• 含有一定数量的维生素A、D、E、B_2、B_3。

• 矿物质含量丰富，钙、钠、钾、镁等含量较多。

• 海产鱼类富含碘。

虾类主要含有以下几种营养物质：

• 虾仁所含的蛋白质是鱼、蛋、奶的几倍甚至几十倍。

• 钙、镁含量丰富。

• 虾肉含有的维生素D是海产品之首，维生素D和镁都能促进钙吸收。

• 含有钾、硒等微量元素和维生素A，肉质松软，易消化，宝宝常吃可以健脑益智。

专家推荐

三色豆腐鱼泥

材料：胡萝卜、鱼肉、油菜、豆腐各适量。

做法：①胡萝卜去皮切碎，鱼肉剁成泥，油菜用热水焯过，切成碎末，豆腐冲洗过后压成豆腐泥。②在锅内倒油，烧热后下胡萝卜末煸炒，半熟时，放入鱼泥和豆腐泥，继续煸炒至八成熟时再加入碎菜，待菜烂即可。

解读：豆腐鱼泥含有丰富的蛋白质，吸收率可达96%，并含有较多的氨基酸、钙、磷、铁及维生素等。

西蓝花虾仁粥

材料：西蓝花、鲜虾、香菇、大米各适量。

做法：①将西蓝花、香菇洗净，水煮3分钟，剁碎。②鲜虾处理干净，剁碎。③大米在水中浸泡3个小时，放入锅中，大火煮开后改文火慢慢熬。④将西蓝花和虾仁碎放入白粥中，熬制10分钟撒入少许盐即可。

解读：虾仁含有丰富的蛋白质和钙质。西蓝花有健脑壮骨、补脾和胃的功效。

零食

宝宝进入 1 岁后，仍然处在一个快速生长发育的阶段。为了满足宝宝一天的营养素需求量，我们需要在三餐之间添加零食来满足幼儿的生长发育。

1 ~ 1.5 岁幼儿的零食选择原则：

• 选择健康、营养素含量丰富的零食，让宝宝更全面地获得营养平衡。

• 避免高油、高盐、高糖和添加剂的摄入。

• 可以从流食慢慢向糊状或者碎末状转变，锻炼幼儿的咀嚼能力。

下面我们推荐几种适合本阶段宝宝吃的零食：

奶制品

配方奶粉富含丰富的蛋白质、脂肪、钙、镁等矿物质和维生素 B_1、B_2、D 等；酸奶含有乳酸杆菌等健康菌群，有助于宝宝的肠道健康。

新鲜蔬菜和水果

这个阶段可以把蔬菜、水果做成蔬果泥或者切成小块。小块儿的果蔬既能锻炼幼儿的咀嚼能力，还能增强幼儿的动手和协调能力。

虽然蔬菜和水果的营养成分相似，但是二者之间不能相互替代，蔬菜（尤其是深色蔬菜）的营养素含量要高于水果，而水果中的果酸和芳香物质也是蔬菜不能替代的。

坚果类

坚果含有优质蛋白、脂肪酸，还富含维生素 B_1、B_2、E，钙、磷、铁等矿物质。坚果中的脂肪酸多以亚麻酸、亚油酸等不饱和脂肪酸为主，能够促进宝宝的脑部发育。

健康饮品

为宝宝亲手制作蔬果汁，不要给他喝过甜或者添加剂过多的饮料。

Tips

家长们要注意不要给宝宝吃油炸类零食，如薯条、薯片；果冻、糖果等甜食也最好不要吃，甜食可能对牙齿生长和健康造成影响，果冻和颗粒状的食物容易使宝宝噎着，发生意外。

水果

1～1.5岁的宝宝已经可以添加各种水果作为食物了。新鲜水果中含有的果胶、水溶性维生素、多种矿物质、膳食纤维、抗氧化物等，能促进宝宝的生长发育、改善肠道功能、增加皮肤的弹性和光泽。**建议家长们多给宝宝选择本地产的应季水果。**

本地产应季水果有以下几点好处：

• 不需要长途运输，所以产品一般不需要进行保鲜剂处理。

• 水果的成熟度也比较好，营养素损失也较小。

• 在运输、包装、储存方面降低了费用，物美价廉性价比较高。

北方的家长平时可以多了解一下当地的水果品种和水果上市的时间。

春季	草莓、樱桃、杨梅、杏、李等
夏季	桃、西瓜、哈密瓜、香瓜等
秋季	葡萄、梨、苹果、山楂、石榴、枣等
冬季	苹果、橘子等

在冬季，如果妈妈觉得给宝宝吃的水果过凉，可以考虑熟吃一些水果，如苹果、梨、香蕉等。这样可以避免水果过凉刺激胃肠道而出现消化不良情况。

Tips

北方的冬季，新鲜的水果有些少，我们大多购买由南方种植、运输过来的水果。这里要特别注意那些表皮特别光亮、色彩鲜艳的水果，它们很有可能经过了保鲜剂的处理，所以在食用这类水果时要削皮食用。

专家推荐

牛油果香橙沙拉

材料：牛油果、香橙、酸奶各适量。

做法：将牛油果、香橙剥皮去果核，切成小块，淋上酸奶拌匀即可。

解读：牛油果富含多种维生素和矿物质。橙子中的维生素C含量非常丰富，且糖分很少。

坚果

1～2岁的宝宝虽然已经陆续长出十几颗牙齿，但消化系统功能尚未完全成熟，所以食用坚果要注意安全，不宜给幼儿直接食用易误吸入气管的硬壳果类（如花生），防止由于食物呛入呼吸道引发危险。

在喂食宝宝坚果时要遵循以下几点建议：

对坚果进行单独加工。幼儿膳食应单独加工、烹制，并选用合适的烹调方式和加工方法，将食物切碎煮烂，以便于幼儿咀嚼、吞咽和消化。大豆、花生等硬果类食物，应先磨碎，制成泥糊浆等状态后再进食。

控制脂肪的摄入量。宝宝幼儿时期每天摄入的油脂，包含烹调用油和奶油等，以10克（1汤匙）为宜。对脂肪含量高的坚果要严格控制摄入量，避免脂肪总量摄入过多。

Tips

坚果分为两类，一类是脂肪含量高的坚果，如花生、葵花籽、开心果、杏仁等；一类是以淀粉为主的坚果，如板栗、百合等。

谨防坚果的过敏反应。极少数成人对坚果会产生皮肤瘙痒、咽喉水肿等过敏反应，严重者可能致命。给幼儿初次添加坚果类食物时，一定要遵循添加辅食的原则：由少到多，由稀到稠，循序渐进。注意观察有无过敏反应，一旦过敏要停止食用并就医。

正确挑选坚果。要选择原味坚果，因为有些不法商贩为了掩盖坏掉坚果的不好口感，将其腌制成其他口味。坚果保存不当很容易产生黄曲霉毒素，毒性堪比砒霜，所以家长要注意不要选择潮的或者已经长芽的坚果。

注意坚果的食用搭配。宝宝摄入坚果，不建议与奶制品等高蛋白食物同时摄入，容易导致总体营养素失衡。建议与谷、麦、薯、绿叶菜搭配，以促进其吸收利用率和抗氧化能力。

专题

特殊情况，宝宝应该怎么吃？

有口气

很多家长发现宝宝有口臭，就判断他一定是“上火”了，其实这并不科学。

宝宝口臭是正常现象

宝宝的口臭在 1 岁内或 1 岁左右时比较常见，多是胃食道反流所致。宝宝的胃部开口处食道下端括约肌和贲门较松，当无意触摸宝宝腹部时，或者腹部压力增高时，已经进入胃内的食物会从胃经食道返回口腔，宝宝又将其咽回胃内，口腔内就存留了异味。这属于正常发育中的现象，无须治疗，等宝宝发育成熟后就会变好。

如果口臭特别明显，也要考虑胃肠道消化问题，是否是进食不当；还有宝宝龋齿也会出现口臭。

土法降火去口臭，完全没必要

从营养学角度分析，给宝宝喝煮水果水或煮菜水是不科学的。

• 水果和蔬菜中的维生素是水溶性维生素，在煮沸过程中，大量维生素会遭到破坏，大大降低了营养价值。

• 煮菜水中的抗营养物质，如草酸、植酸会溶于水中，这样会影响食物中钙的吸收。

• 蔬菜表面的色素、化肥、农药会溶于水中，甚至还有重金属，这些对宝宝健康有危害。

所以如果宝宝口臭，父母先不要乱，最好请中医科的医生帮助确认宝宝是否真的“上火”了。重点是找到引起这种症状的真正原因，然后按照原本正常的饮食，吃绿叶菜、水果果泥，喝白开水即可。

Tips

不建议过早给宝宝饮用果汁。

宝宝一旦接受了这种味道，就会拒绝喝白水，或不爱咀嚼水果。

习惯喝果汁的孩子出牙后，不能通过喝白水清洁口腔，对牙齿保护不利。

贫血

宝宝也会贫血，而且很常见

贫血在幼儿中非常常见，家长可以通过以下临床表现初步判断宝宝是否贫血：

• 皮肤、黏液逐渐苍白，以上唇、口腔黏液和甲床较为明显。

• 易疲劳、烦躁不安，容易不明原因哭闹。

• 不爱活动，食欲减退。

• 贫血严重的宝宝会出现智力减退，机体免疫力受到影响，并出现合并感染等症状。

宝宝出现贫血的原因是什么？

1 ~ 2 岁的幼儿摄入的主要食物是奶类、米粥、鸡蛋等，铁的含量较低，容易发生铁缺乏。如果长期不纠正，则会导致缺铁性贫血，表现为血红蛋白含量降低。

宝宝补血的方法

对于已经发生缺铁和缺铁性贫血的宝宝，最快的方法是及时在医嘱下补充含铁制剂治疗 1 ~ 3 个月，这能使轻度缺铁性贫血儿童的血红蛋白恢复到正常水平。另外，还需要做到以下几点：

• 选择铁强化食品。多吃富含维生素 C 的蔬菜和水果，如青椒和猕猴桃等。

• 增加富含铁的食物摄入量，包括动物全血、动物肝脏、动物红肉、豆类及其制品、黑木耳、芝麻酱等。

• 帮助非血红素铁吸收。

专家推荐

油菜豆腐蘑菇汤

材料：蘑菇、油菜、豆腐各适量。

做法：①锅里放入水，沸腾时加入蘑菇。②煮 3 分钟后放入切段的油菜和切块的豆腐。③继续煮 3 ~ 5 分钟，出锅前加盐调味。

解读：叶菜含铁元素较高，最高的是油菜，达到 5.9 毫克 /100 克。

猪肝菠菜粥

材料：大米、猪肝、菠菜各适量。

做法：①水开后放入大米，小火半开煮至米软。猪肝切成小薄片，用姜泥、淀粉、盐、葱花腌 10 分钟。②锅内放少许油，把腌好的猪肝爆炒变色，关火盛出。倒入汤锅，加姜泥、白胡椒粉继续煮 15 ~ 20 分钟左右，直至黏稠。③菠菜洗净，开水烫后切段，用盐、香油拌匀腌制片刻，在粥出锅前洒入，最后加盐调味。

解读：菠菜含有丰富的类胡萝卜素、抗坏血酸，有补血的疗效。

挑食

宝宝是否有挑食习惯，以及对食物味道的选择，早在母亲怀孕期间就开始形成了，母亲进食和吸收的味道会被输送到羊水中，进而传给宝宝。那么如果遇到以下几种挑食的宝宝，妈妈们该如何改善饮食呢？

宝宝不爱吃蔬菜

蔬菜中含有的维生素、矿物质、膳食纤维等是宝宝不能缺少的营养素，但很多宝宝不喜欢吃蔬菜。如果在幼儿期间不能纠正宝宝不吃蔬菜的坏毛病，成人后也很难纠正。所以从婴儿期间，就应该给宝宝及时添加蔬菜类食物作为辅食，到宝宝 1 岁时就可以吃碎菜了。

如果宝宝不爱吃蔬菜，可以将菜剁碎后放入粥或面条里，还可以与肉、蛋等做馅，做成饺子、包子等，这样能够引起宝宝食欲，而且营养全面，味道鲜美，易于消化吸收。

玉米胡萝卜香菇粥

材料： 大米、香菇、玉米、胡萝卜各适量。

做法： ①大米淘洗干净，用少量油、盐拌匀，放进锅里。加入适量的清水，开大火煲至水开后，转小火熬煮 30 分钟。②把香菇用温水泡发、玉米摘粒、胡萝卜削皮，然后把香菇、胡萝卜分别切丁，葱切成葱花。③白粥煮好后把胡萝卜、玉米、香菇全部倒进锅里。中火煮开后，转小火煮 20 分钟，加入葱花，放盐调味即可。

解读： 淘洗干净的米不要急着下锅，先放点油、盐拌匀，可以稍腌 10 来分钟再开始煲粥，煲出来的粥特别稠绵好吃。

宝宝光吃奶不爱吃饭

宝宝爱吃奶不吃饭，大多是因为父母没有根据宝宝的生长需要及时添加辅食。我们推荐的纠正方法有以下几种：

减少宝宝吃奶的次数。在宝宝有明显饥饿的时候给予辅食，如粥、面条等，注意要把辅食做得软、烂、香，这样才能更好地吸引宝宝。

辅食种类多样化。可以将五谷杂粮混合食用，既全面营养，又能让宝宝有新鲜感，爱上尝试新食物，如绿豆粥、红豆粥、八宝粥、玉米粥等，另外两合面、豆包、金银卷都是良好的主食搭配方法。

添加辅食要坚持。父母一定要每日坚持，不要因为宝宝拒绝吃辅食就给奶喝，反复下去，宝宝添加辅食就更困难了。

宝宝不喜欢吃米饭

如果宝宝特别反感米饭，家长不要过于着急。

可以通过面条、面包、馒头等主食来替代米饭，或把大米换一种烹调的方式。

在鱼、禽、肉、蛋、奶中，含有比米饭更好的动物性蛋白，不至于使宝宝导致蛋白质缺乏。

尽量让宝宝喜欢上米饭，毕竟米饭作为主食非常方便。

家长可以有意在宝宝面前表现出米饭非常好吃，也可以在宝宝爱吃的辅食里添加米饭，把米饭做成宝宝喜欢的形状引起宝宝食欲。

八宝粥

材料：黑米、黑豆、花生米、大米、小米、红豆、薏仁等各适量。

做法：①将黑米、黑豆、花生米、大米、小米、红豆、薏仁用清水浸泡3～4个小时，清洗干净后，大火煮开改小火40分钟。煮至汤汁黏稠即可。

解读：可以加一些核桃碎，让味道更加丰富，从而吸引宝宝的注意力。

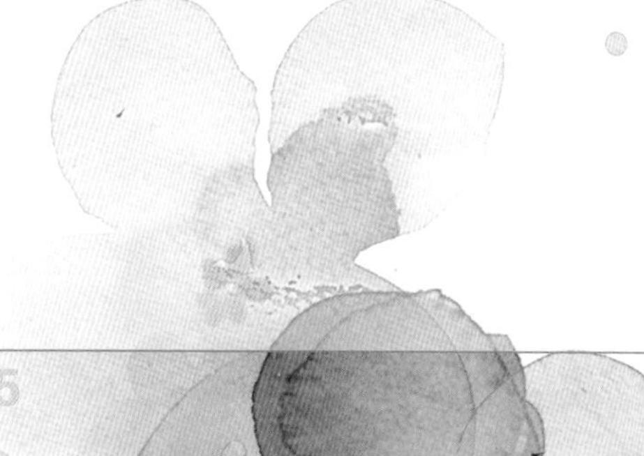

02 1.5 ~ 2岁，合理膳食让宝宝更“结实”

添加食物的原则

培养宝宝良好的饮食习惯

幼儿时期是宝宝养成良好饮食习惯的重要阶段，也是影响宝宝饮食嗜好的重要时期，在这个时期为宝宝养成好习惯可使之受益终生。因此一定要重视宝宝饮食习惯的培养，家长要在这方面多用心思，并且以身作则，避免宝宝出现偏食、挑食的不良习惯。

按时吃饭，有规律地用餐。进餐场所要安静愉悦，避免喧嚣吵闹，进餐过程中不能让宝宝边吃边玩。要暂停其他的活动包括看电视，家长更不能养成追着宝宝喂饭的习惯。

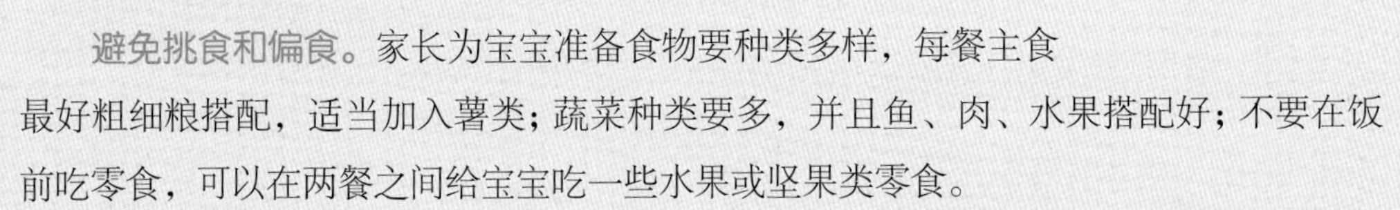

避免挑食和偏食。家长为宝宝准备食物要种类多样，每餐主食最好粗细粮搭配，适当加入薯类；蔬菜种类要多，并且鱼、肉、水果搭配好；不要在饭前吃零食，可以在两餐之间给宝宝吃一些水果或坚果类零食。

培养饮食习惯。每次餐前都要引导宝宝洗手，锻炼宝宝自己使用勺和筷子用餐。教宝宝一些用餐礼仪，如口中有食物时不要说话，不要含着食物喝水，不要持筷子指指点点和在菜盘里扒来扒去等。

宝宝的菜肴不能过于油腻或者太咸。菜肴过油或过咸可能会导致宝宝形成肥胖的体质，所以让宝宝从小养成清淡饮食的好习惯很重要。

Tips

家长是宝宝的榜样，要以身作则，不能自己零食不离手，却要求宝宝不吃零食，也不能自己摄入油腻、高盐的食物，反而要求宝宝低油、低盐。

不要让宝宝养成看电视进食的习惯

边吃饭边看电视对身体有很不好的影响：

容易影响食欲。边吃饭边看电视，人们往往以电视为主，忽视了食物的味道，使本来已经出现的食欲因受到电视的抑制而降低或消失，久而久之就会出现营养不良等现象。

影响食物的消化与营养的吸收。人在吃饭时，需要有消化液和血液帮助胃肠消化食物。看电视时，大脑也需要大量的血液。吃饭时看电视，二者相互争着血液的供应，结果两方面都不能得到充分的血液，这样就会既吃不好饭，也看不好电视。时间长了，还会发生头晕、眼花等现象。

影响孩子自控能力的养成。小孩子的自控能力差，经常会因为看电视而忘记吃饭，或者是因为一直看电视，不知不觉会吃进去很多食物，不仅会加重孩子的消化负担，还会影响孩子自控能力的养成。

针对宝宝吃饭时爱看电视的坏习惯，家长可以有以下几种解决方法：

家长以身作则。家长要做到平时吃饭的时候关掉电视，让宝宝知道吃饭的时候是不可以看电视的，不然宝宝就会觉得用餐的时候看电视是正常的，这样很难让宝宝养成好习惯。

更换进餐地点。如果宝宝已经有了进餐时看电视的习惯，那么家长就要更换宝宝进餐的地点了，应该到没有电视的房间进餐，并且在就餐前尽量不让宝宝看电视，时间稍长就能习惯吃饭不看电视了。

适当和宝宝沟通。告诉宝宝一边看电视一边吃饭的坏处，宝宝能听懂多少是多少，不要过于强求。

让宝宝养成良好的饮食习惯。在进餐时只能安静地进餐，不能做其他活动，要专心吃饭。

让宝宝独立用餐。独立用餐可以让宝宝体会到自己用餐的愉悦。

所以，在家中不要边吃饭边看电视，最好是饭后 20 ~ 30 分钟再看电视。如果一定要看电视，在选择电视节目时，少看或不看紧张刺激情绪的节目。

✿油炸的食物要少给宝宝吃

油炸食品在人们的日常饮食中占有很大的比重，由于其色香味俱全，香脆可口，好多人喜欢吃。但是，油炸食品对人身体的危害很大，宝宝要少吃或尽量不吃。油炸食物主要有以下危害：

• 油炸食品脂肪含量会增加20% ~ 30%，过多脂肪极易造成宝宝肥胖。

• 油炸食品需要较高的油温，油在高温加热时会产生大量的反式脂肪酸。反式脂肪酸在人体内代谢缓慢，还会干扰必需脂肪酸和其他物质的代谢，导致必需脂肪酸缺乏，抑制婴幼儿的生长发育。

• 食品经过油炸，其中的B族维生素几乎全军覆没，其他的营养物质如维生素A、维生素C、胡萝卜素，还有鱼里面的DHA、EPA多不饱和脂肪酸在油炸之后都会大打折扣。

• 油脂持续受热，会发生各种化学反应，产生苯芮芘等多环芳烃类致癌物，食物中的淀粉经过高温油炸会产生致癌物质丙烯酰胺等。

• 很多餐饮店和路边摊卖的油炸食品为了达到蓬松的口感，会添加膨松剂，而膨松剂往往都是含有铝的。

Tips

据调查，多数儿童体内都存在铝超标问题。

铝在脑组织中沉积过多，会使人记忆力减退、智力低下、行动迟钝。

铝还会通过影响组织钙化、磷及维生素D相互作用等方式造成骨骼系统的损伤和变形，引起软骨病、骨质疏松症等疾病。

宝宝的各器官发育不能和成人相比，这些伤害很容易成为宝宝成年后的健康隐患，使其成年后患高血压、糖尿病、高血脂、癌症等疾病的风险升高。所以，家长不要忽视任何一个饮食习惯的养成，尽量避免给宝宝吃油炸食品。

快餐中的激素太多很伤宝宝

快餐中的激素对身体的危害主要体现在以下几个方面：

日常饮食中虽然也会摄入含有激素的食物，但是一餐中还会同时摄入主食、蔬菜、水果等，各种营养素均衡，激素不会对人体造成明显危害。

• 在饲养畜禽的过程中，为了加快成熟周期，一些人会使用激素来促使动物生长，这样一来，生长周期大大缩短了，但其营养物质也降低了。

• 快餐食物大多“高热量、高脂肪、高蛋白”和“低矿物质、低维生素、低膳食纤维”，营养搭配极不平衡，过多摄入很容易造成宝宝肥胖。

• 过多的体脂肪，即肥胖，是宝宝早熟的重要原因，脂肪含量高的人，雌激素水平也会高，加上过多摄入食物中的激素，会使宝宝提前发育，导致性早熟。

• 人体内的激素是按照发展的阶段分泌的，由食品带进来的激素是属于提早给宝宝的激素，容易导致自身激素代谢紊乱，很容易造成宝宝生长发育障碍、智力低下等。

碳酸饮料和茶，宝宝千万不要碰

以下几种饮料，不建议给宝宝喝：

• 茶：茶水中所含的茶碱易使幼儿兴奋、心跳加速、尿多、睡眠不安等。

• 酒精类饮料：幼儿的胃肠道非常脆弱，酒精或酒精类饮料会刺激幼儿胃黏膜、肠黏膜，对幼儿的消化系统造成损伤。

• 碳酸饮料：过多饮用碳酸饮料，不仅会影响宝宝的食欲，诱发龋齿，还会导致肥胖或营养不良。小苏打会中和胃酸，不利于食物消化，还会使宝宝易患胃肠道感染等疾病。

• 咖啡、可乐：属于兴奋类饮料，含有咖啡碱，对幼儿的中枢神经系统有兴奋作用，影响幼儿脑的发育。

下面推荐一些健康的饮料：

• 矿泉水：要买安全、天然的矿泉水，有些人工矿泉水中含有害物质铅、汞等，对幼儿身体健康危害大。但需注意不可长期饮用矿泉水，否则易扰乱体内矿物质间的平衡或矿物质量摄入过多。

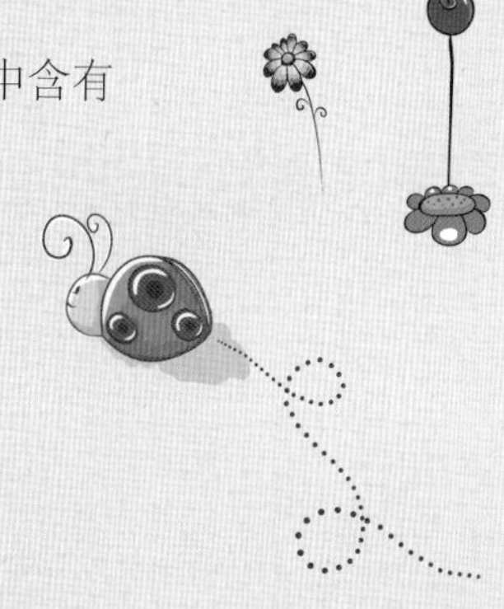

• 水果汁：含有大量的维生素 C，对幼儿生长发育有好处。但摄入的量也需适度，并非多多益善。

控制饭量，避免宝宝走向肥胖症

轻松控制宝宝饭量主要有以下几种方法：

合理控制每日摄入的总能量

一般 1 ～ 2 岁的宝宝一天摄入的蛋白质要占全天总能量的 12% ～ 15%，脂肪要占到 30% ～ 35%，碳水化合物占 50% ～ 55%。

如果以通常吃的食物来表达，每天要有奶类 400 ～ 500 毫升或奶粉 50 ～ 80 克，肉类 50 ～ 60 克或豆制品 50 ～ 60 克，蛋类 1 个，坚果类粉末 30 克，谷类食物 160 ～ 180 克，蔬菜 150 ～ 200 克，水果 150 ～ 200 克。

在满足宝宝能量需求的同时要尽量做到食物多样化，如果超出这个大体范围，就要小心宝宝食用的食物过多了。

合理分配进餐的时间

幼儿时期的宝宝胃容量还比较小，因此一般建议全天七次进食，简称“三餐两点两奶”，也就是每天的三餐时间最好与大人的进餐时间相配合。

除此之外，早点安排在早餐与午餐之间，基本上就是一两块饼干或者两三颗草莓。午点安排在午餐与晚餐之间，可以吃一小杯酸奶或者一个橘子。另外，在早晨、睡前各加一顿奶，每顿奶 250 ～ 500 毫升。

控制各种隐性的高能量食物或饮料

有的妈妈喜欢给宝宝买饮料、雪糕以及各种颜色鲜艳的零食，这些零食很可能高糖、高油，会导致宝宝的能量摄入超标，同时过多的糖分还会影响宝宝的口腔卫生。

维生素不可乱补

维生素主要从丰富的食物中摄取，即要根据宝宝的具体发育情况合理添加多种辅食。对于维生素制剂，如果没有医生的建议，请谨慎添加，以免给宝宝的健康带来危害。

让宝宝动起来

让宝宝每天保证一定时间的运动量。如果天气好一定要带着宝宝到户外晒太阳，一方面有利于维生素 D 的合成，另一方面运动、游戏、练习说话发声都会消耗宝宝的能量，增加新陈代谢的速度，有利于宝宝身心的发展。

饭量小的宝宝可以适当补充零食

每个宝宝的生长发育都有各自的特点，饭量有大有小，只要宝宝的身高、体重按月龄发育，家长就不用过分担心。不过如果宝宝长期处于进食量少的状态，家长就要格外注意了，一定要找到宝宝饭量小的原因，以免影响宝宝的发育。

如果问题不大，可以通过增加食物的营养密度来解决宝宝每餐摄入量少的问题，在两餐之间给宝宝加一些零食来增加宝宝的身体营养，提高机体免疫力。

适当摄入坚果类食物

坚果营养丰富，含有蛋白质、油脂、矿物质、维生素等，对宝宝增强体质、预防疾病有良好作用，并且能够补脑益智。

脑细胞由 60% 的不饱和脂肪酸和 35% 的蛋白质构成，对大脑发育来说，需要的第一营养成分是不饱和脂肪酸。坚果类食物中含有大量的不饱和脂肪酸和脂肪酸，并且含有部分优质蛋白和氨基酸，这些氨基酸都是构成脑神经细胞的主要成分，因此吃坚果对改善脑部营养很有作用。

适当摄入水果

水果中含有丰富的维生素、矿物质、水分、糖、纤维物质等，能够帮助宝宝增加能量以及大部分营养素，提高人体的新陈代谢。

喂食糕点补充能量

对于饭量小的宝宝来讲少食多餐是个不错的办法。在两餐之间可以给宝宝吃少量的糕点，为其提供足够的能量。

Tips

吃水果好处多，但是要有度。适量食用，达到吃水果给身体带来健康的目的即可。

另外，空腹吃水果也不好，因为水果中的果酸刺激胃壁的黏膜，对胃部健康非常不利。

此阶段常见食物的喂法

强壮骨骼的食物

强壮骨骼要注意补充钙、维生素 D、蛋白质、镁等营养素。

钙。含钙丰富的食品主要有奶类与奶制品，海产品，如虾、海鱼等，豆类与豆制品，肉类与禽蛋，蔬菜，如菠菜、油菜、胡萝卜等。

维生素 D。人体大概 90% 的维生素 D 依靠阳光中的紫外线照射，通过自身皮肤合成，其余 10% 通过食物摄取，如蘑菇、海产品、动物肝脏、蛋黄和瘦肉等。

蛋白质。蛋白质常存在于肉、禽、鱼、牛奶、蛋类、核桃、猪蹄等日常饮食中。

镁。紫菜、全麦食品、杏仁、花生、水，以及菠菜等绿叶蔬菜中都富含镁。

要注意蛋白质摄取过多反而对骨骼不利，会使人体血液酸度增加，加速骨骼中钙的溶解和尿中钙的排泄。

专家推荐

胡萝卜炒鸡蛋

材料：胡萝卜、鸡蛋各适量。

做法：①胡萝卜削皮切丝，鸡蛋炒散。②锅内放油烧热，倒入胡萝卜丝翻炒，片刻加入刚炒好的鸡蛋，混炒，加点盐，翻炒，起锅装盘。

解读：胡萝卜富含钙，紫菜富含镁，而鸡蛋中的蛋白质含量较为丰富，都有助于宝宝骨骼的发育。

紫菜煎蛋饼

材料：紫菜、鸡蛋、洋葱各适量。

做法：①将紫菜浸湿，回软后沥干多余水分。②将鸡蛋打入碗中，加入葱花、洋葱末和少许盐后打散。③紫菜切碎然后放到蛋液里面，将蛋液搅拌均匀。④锅烧热，加入色拉油，倒入蛋液，用中火煎至两面金黄即可。

帮助宝宝长高的食物

鸡蛋。这时每天给宝宝吃1～2个鸡蛋是比较合适的。父母可以变着方法做给宝宝吃，比如蒸蛋羹、水煮蛋、炒蛋、煎蛋，其中利用率最高、最营养的吃法要数清水煮蛋。

牛奶（酸奶、奶酪）。牛奶除了富含蛋白质以外，还含有制造骨骼的营养物质——钙，而且容易被处于成长期的宝宝吸收。如果宝宝已经断奶不再吃母乳，每天喝牛奶非常必要。

大豆及其制品。大豆是公认的高蛋白食物，含有35%～40%的优质蛋白，并且其中含有赖氨酸，与谷类中的蛋氨酸结合，可以实现蛋白质的互补。

海洋鱼类。海洋鱼类富含蛋白质和钙。沙丁鱼中的钙比其他海藻类含有的植物性钙更容易消化吸收，对宝宝的成长很有帮助；三文鱼中富含的ω-3脂肪酸，是脑部、视网膜及神经系统所必不可少的物质，对宝宝的生长发育有促进作用。

深绿色蔬菜。菠菜、小油菜中富含铁和钙。可以切成细丝炒，切成小丁做汤、紫菜包饭、包子、饺子等。

富含维生素C的新鲜水果。维生素C之王是新鲜的大枣，但是有季节限制，所以要根据不同的季节选择新鲜大枣、橘子、草莓、菠萝、葡萄、猕猴桃等应季水果。

橙黄色果蔬。橙黄色果蔬有胡萝卜、橘子、木瓜、芒果、黄香瓜、金橘等，这类果蔬富含β-胡萝卜素，被人体转换成维生素A，帮助骨骼发育、维护视力和维持肌肤弹性，帮助蛋白质的合成。

若要自制豆浆，不建议干豆制浆。因为大豆中含有植酸，会影响钙、铁、锌等矿物质的吸收，通过泡豆可以去除部分植酸。

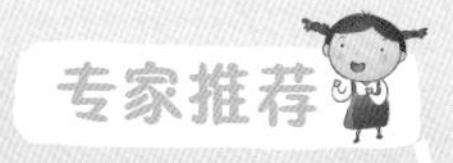

三文鱼芦笋

材料：三文鱼、芦笋、酸奶各适量。

做法：①将三文鱼切成方丁，芦笋削皮切段。三文鱼丁用少许油、淀粉、细盐腌制。②先热锅，温油爆炒芦笋，盛出。③直接放入腌制的三文鱼丁，炒变色，再加入芦笋，加蒸鱼豉油调味，起锅。

解读：三文鱼中的ω-3脂肪酸是脑部、视网膜及神经系统所必不可少的物质。

专题

特殊情况，宝宝应该怎么吃？

佝偻病

佝偻病是一种婴幼儿时期缺乏维生素 D 的疾病，在临床上的表现一般为：

多汗、夜惊、爱哭闹。特别是入睡后头部多汗，与气候无关。由于汗液刺激，患儿经常摇头擦枕，形成枕秃或环形脱发。

头部。颅骨软化为佝偻病的早期表现，重者以手指按压枕、顶骨中央，有弹性，称为“乒乓球样软化”。出牙晚，1 岁出牙，3 岁才出齐，牙齿排列不均。

胸部。肋骨串珠，在肋骨与肋软骨交界区呈钝圆形隆起，外观似串珠形。胸廓畸形，一岁以内的患儿肋缘外翻，沿胸骨下缘水平的凹沟，称为“赫氏沟”。两岁以上的患儿有鸡胸等胸廓畸形，剑突区内陷，称为“漏斗胸”。

四肢及脊柱。出现“O”型腿或“X”型腿。脊柱发生侧向或者前后弯曲。

宝宝一旦得了佝偻病就要及时就医，治疗的关键在于早，重点在小，防止畸形和复发。

• 初期或活动期可口服维生素 D 制剂，但也要注意预防维生素 D 摄入过量引起中毒。

• 疾病恢复期夏季晒太阳，冬季谨遵医嘱服 AD 丸。

预防永远都胜于治疗，只要父母用点心，平时适时给宝宝晒太阳，多给宝宝食用富含维生素 D、钙、磷以及低脂高蛋白的食物，就不会得佝偻病。

专家推荐

黄鱼炖豆腐

材料： 黄鱼、豆腐各适量。

做法： ①黄鱼处理干净后沥干水，在鱼身上薄薄地涂一层淀粉。锅烧热，先用姜片在锅壁上擦一遍，再倒入油。②油热后将鱼放入，2 分钟后翻面，再煎 2 分钟。放入葱、姜、蒜，加入酱油、盐，倒入豆腐块。③加热水，没过鱼和豆腐，大火煮开，转中小火，加醋煮约 15 分钟即可。

解读： 鱼中丰富的维生素 D 具有一定的生物活性，可以将豆腐中钙的吸收率提高 20 多倍。

积食

1岁多的宝宝能够自己进食后，自我控制能力不强，只要是喜欢吃的或者看起来好看的食物就会不停地吃。如果再赶上节假日家庭聚餐，有良好的进餐气氛，宝宝就会吃得过多，胃被胀得满满的，这样就容易引起消化不良、食欲减退，严重时会恶心、呕吐等，中医称这种情况为积食。

由于宝宝的消化系统发育仍然不完全，胃酸和消化酶较少，消化酶的活性也较低，对大量的食物很难消化，神经系统对胃肠的调节功能也很弱，所以经常积食易引发胃肠道或呼吸系统等疾病。

如果宝宝出现积食，家长们应该怎么办呢?

控制进食量。宝宝出现积食后，要使进食量比平时稍少一点，可以给宝宝直接定好饭量，避免超量。总量不变的前提下少量多餐次，避免重复积食。

注意烹饪方式。食物的烹调以蒸、煮、炖为主，火候以稀、软、易于消化为主，如米汤、面汤之类。避免油炸食品和甜品、糕点、糖果的摄入，多选择新鲜的蔬菜和水果，避免摄入过量动物性食物。

户外运动。饭后半小时带宝宝到户外运动，可以帮宝宝做幼儿体操，既有助于食物消化吸收，又能通过晒太阳补充维生素D。

小儿按摩。饭后半小时可以为宝宝做腹部按摩，父母将双手搓热，以顺时针的方式轻抚腹部半小时，也可以让宝宝模仿自己来按摩。

养成好的进餐习惯。每餐用餐时间在20～30分钟以内，避免边吃饭边看电视，时间到就让宝宝离开饭桌停止进食。

以上都是十分普遍而简单的帮助宝宝解决积食问题的方法，家长们在发现宝宝积食时应及时采取措施让宝宝缓解积食带来的烦恼。如果宝宝积食情况比较严重，伴有大便干、咳嗽、呕吐等症状的话，建议及时带宝宝到医院就诊。

3岁前吃对食物，孩子一生好体质

2～3岁这样吃，增强体质少生病

01 2 ~ 2.5 岁，吃对食物增强免疫力

添加食物的原则

在补充营养的同时提高宝宝免疫力

这个时期的宝宝身体各个方面的变化都比较大，包括身高、体重、智力、认知、语言等，同时他们行走自如、多动，很容易接触过量细菌，导致生病，所以这个时期的饮食既要满足宝宝的营养需要，又要能够提高宝宝的免疫力。

食物种类多样化。对于 1 岁以上的宝宝来讲，任何一种天然食物都不能提供人体所需的全部营养素。平衡膳食必须由多种食物组成，这样才能满足人体的各种营养需求，达到提高免疫力的作用。

多吃蔬菜和水果。蔬菜和水果是维生素、矿物质、膳食纤维和植物化学物质的重要来源，水分多，能量低，能够提高宝宝免疫力。

每天喝牛奶或吃奶制品，以及大豆或其制品。奶类含有丰富的优质蛋白和维生素，含钙量高，利用率也高，能够增加宝宝的骨骼密度。大豆同样也富含优质蛋白、必需脂肪酸、B 族维生素、维生素 E 和膳食纤维等营养素。

适量摄入鱼、禽、蛋和瘦肉。这些食物均属于动物性食物，是优质蛋白、脂类、脂溶性维生素、B 族维生素和矿物质的良好来源，是平衡膳食的重要组成部分。

用餐分配要合理，零食要适当。合理安排宝宝的进餐时间以及每餐的摄入量，不要暴饮暴食。零食作为正餐之外的营养补充，可以合理选用。

胡萝卜牛肉粥

材料：大米、牛肉、胡萝卜各适量。

做法：①大米洗净放入锅中，加清水大火煮开转小火熬制。②胡萝卜、牛肉洗净切碎。③待粥浓稠时，放入胡萝卜、牛肉，大火煮开，小火 5 分钟关火即可。

解读：这道粥富含蛋白质、维生素 A，有益于宝宝健胃，助消化。

多给宝宝吃富含维生素C的食物

维生素C在我们体内起到非常重要的作用。

• 参与宝宝身体内的多种代谢过程，包括血红细胞、骨骼和组织的形成及修复。

• 保持宝宝的牙龈健康，强壮血管，减轻跌倒和擦伤时的淤伤，控制感染，促进伤口愈合。

• 增强宝宝免疫系统的功能，帮助宝宝抵御流感病毒的侵袭。

对于两岁左右的宝宝，家长们只要为宝宝准备健康、均衡，富含新鲜蔬菜、水果的饮食就能满足宝宝身体发育对维生素C的需求。

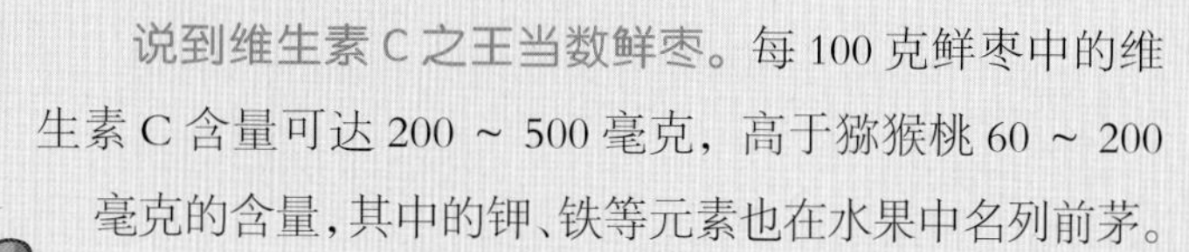

说到维生素C之王当数鲜枣。每100克鲜枣中的维生素C含量可达200～500毫克，高于猕猴桃60～200毫克的含量，其中的钾、铁等元素也在水果中名列前茅。

每天吃一把鲜枣，即可满足人体一天的维生素C供应。其他富含维生素C的蔬果还有酸枣、草莓、柑橘、柠檬，辣椒、茼蒿、苦瓜、豆角、菠菜、土豆、韭菜等。

维生素C并不是多多益善，一定不要用维生素C片替代蔬菜和水果。长期服用维生素C补充剂会在宝宝体内形成草酸，削弱人体的免疫力。

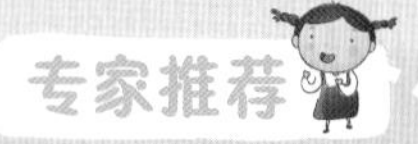

大枣玉米粥

材料： 大米、枣、玉米粒各适量。

做法： ①大米洗净，泡30分钟。加适量清水、姜片，入锅烧开。②小火煲至米完全开花，加入洗净去核的枣及玉米粒，重新烧开即可。

解读： 大枣含有丰富的维生素C。

此阶段常见食物的喂法

蔬菜

一般情况下，深绿色蔬菜的维生素 C 含量较浅色蔬菜高，叶菜的含量较瓜菜高，同一蔬菜中叶部的含量一般高于根茎部。水生蔬菜中碳水化合物含量较高，菌藻类含有丰富的蛋白质、糖、胡萝卜素及部分矿物质，海产菌藻类中富含碘盐。

西红柿。含有丰富的维生素 A、维生素 C、B 族维生素，番茄红素，钾、钠、碘、铁、镁等矿物质及蛋白质等。

蘑菇、香菇、冬菇、平菇、猴头菇。富含多糖类成分，多糖有提高免疫系统的功能，可以有效地增强宝宝体质。

大白菜。大白菜富含具有通便功能的粗纤维，还含有微量元素及矿物质等营养物质。

圆椒。含有很丰富的维生素 A、维生素 C、B 族维生素，β－胡萝卜素，糖类，纤维质，钙、磷、铁等矿物质，能增强人体免疫力，对抗自由基的破坏。

胡萝卜。含有 β－胡萝卜素，并能转变成维生素 A，有助于增强机体免疫力。

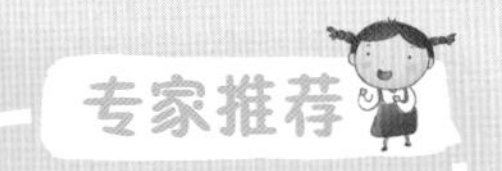

西红柿烧茄子

材料：西红柿、茄子各适量。

做法：①西红柿、茄子洗净切块，葱、姜、蒜切末。②锅中放油，待烧至六成热时，放入茄子块，炸至金黄，捞出沥净油分。③锅中留底油，爆香葱、姜、蒜末，将切好的西红柿块略炒出汤汁。④放入茄子块翻炒，加入生抽、盐和糖调味炒匀，即可出锅。

香菇油菜

材料：香菇、油菜各适量。

做法：①香菇切成小朵，凉白开加蚝油、糖、盐、生抽、淀粉，调一碗淀粉水。②锅内加油，放入香菇根，然后放入香菇爆炒，到香菇软了加入油菜炒，淋一半的淀粉水，装盘。③剩下的淀粉水倒入锅内，加热成浓稠的汁，浇在香菇油菜上。

解读：孩子多吃蔬菜不仅可以补充各种营养素，还可以整肠健胃，调整体质。

红薯

红薯富含膳食纤维、维生素 A、C、E 和 B 族维生素、胡萝卜素、钙、果胶、生物类黄酮等 20 多种微量元素，属于生理碱性食物，能对米、面、肉类的生理酸性起到调节作用，是老少皆宜的天然健康食品。其中富含的 β－胡萝卜素和叶酸、钾等营养素可以起到抗癌、保护心脏、预防肺气肿和糖尿病、增加机体免疫力的作用。

红薯可以蒸、可以煮，作为宝宝的零食还可以在烤箱整烤，或者做成红薯片、红薯干，既方便又美味。

坚果

坚果含有丰富的植物蛋白质，膳食纤维，钾、钙、镁等矿物质，维生素 E 和 B 族维生素，单不饱和脂肪酸，多酚类物质和植物固醇等成分，是一种营养素非常齐全的零食。

坚果的购买要注意检查两点：

- 是否有霉味。有的话说明其中可能有霉菌毒素的污染。
- 是否有不新鲜油脂的味道，或者称有哈喇味。有的话说明其中可能有较多油脂氧化产物，不仅营养价值大打折扣，而且可能会促进衰老和导致病变。

坚果的购买建议：

- 尽量选择原味的坚果。
- 尽量不要选择脱壳和开口的坚果，失去了果壳的保护，无论长霉还是氧化都要便利许多。
- 如果非要买开口的，一定要仔细嗅一下它们的气味，要有新鲜坚果的清香气息才好。

坚果的储存方法：

如果家里的坚果过多，短时间内吃不完，要用自封袋或者密封瓶分装，放进冷藏室甚至冷冻室当中。特别是那些已经去壳、切碎的坚果，最容易氧化酸败，千万不可以常温储存。

木耳和海带

目前很多城市儿童的血液中铅含量比较高，所以要时刻注意排铅。除了要多吃富含钙、铁、锌的豆制品及肉、蛋、动物肝脏等，家中还要常备些排毒的干货——海带和木耳。

木耳对人体有以下几点好处：

- 木耳中的胶质能帮助消化纤维类物质，把残留在人体消化系统内的灰尘、杂质吸附集中起来，排出体外，从而起到清胃涤肠的作用。
- 黑木耳中的铁含量非常丰富，是猪肝的 7 倍多。
- 木耳中含有维生素 K、木耳多糖等植物化学素、抗肿瘤活性物质，能增加机体的免疫力，经常给宝宝食用可以起到排毒素、祛病防病的作用。

专家推荐

清炒山药木耳

材料： 木耳、山药、青椒各适量。

做法： ①木耳洗净，撕成大小合适的小片，山药切片，青椒切块。②锅烧热后倒入油，把山药迅速滤水，倒入锅里大火快速翻炒，紧接着倒入木耳、青椒炒两下。③关火，加入葱花和盐，借用余温再炒两下即可盛盘。

解读： 山药健脾益气，而木耳对于补铁有很好的功效。

海带富含蛋白质，还含有大量的碘质和钾、钙、钠、镁、铁、铜、硒等矿物质，以及维生素 A。另外，海带中的岩藻多糖是海藻类植物独有的黏液成分，能帮助肝脏解毒，防止人体吸收镉等有毒重金属及其他环境毒素。

专家推荐

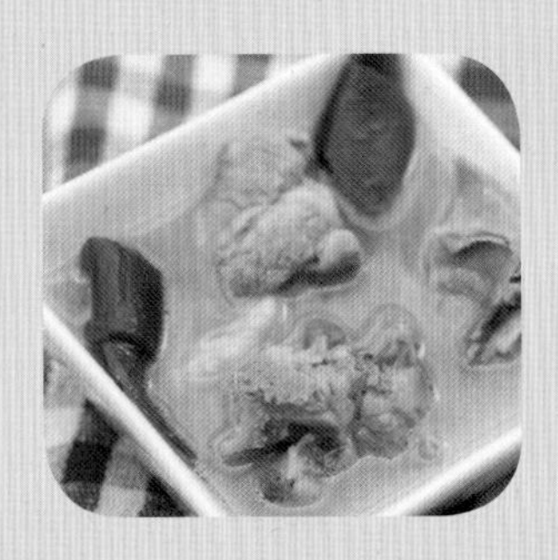

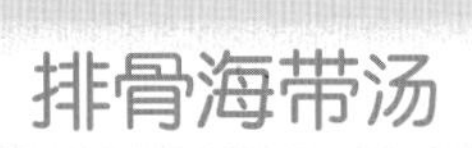

材料： 排骨、干海带各适量。

做法： ①排骨洗净后过沸水焯烫，干海带用水泡发，洗净。②锅内放水和一块拍碎的姜，煮沸后加入排骨和海带，水开后转小火炖 1 个小时，加盐调节咸淡，即可出锅。

解读： 选用厚的海带，不易炖烂。如果是薄海带，可在加排骨煮一段时间后再放海带。

全谷类食物

全谷类粮食即我们常说的粗粮，主要包括全麦、糙米、小米、大黄米、高粱、大麦、燕麦、玉米、紫米、薏米、荞麦和各种豆类等。粗粮无论对成人还是幼儿，均有裨益。

宝宝在 1 岁左右就可以接触粗粮了，但要由少至多，渐渐增加食用量，给宝宝一个适应的过程，2 岁以后就可以过渡到用全谷类粮食给宝宝做早餐了。另外，还需要注意以下几个问题：

• 为了避免伤害宝宝娇弱的肠胃，在添加初期应采取粗粮细做的方法，即把粗粮磨成粉、压成泥、熬成粥或与其他食物混搭，比如可以做成八宝粥、燕麦杂粮米糊等。

• 最好不要用碱发酵，以减少对粗粮中 B 族维生素的破坏。

• 要控制好量，粗粮所占的比例最好不要超过当天主食总量的 1/4。粗粮食用过多有可能会影响宝宝肠道内钙、铁、锌等元素的吸收。

• 对一些平时易腹胀、腹泻的宝宝，要适量减少粗粮的数量。

专家推荐

营养粗粮糊

材料：粗粮（大玉米糁子、黑米、黑豆、红豆、糙米，可随意搭配）、花生米各适量。

做法：①粗粮洗净，加水浸泡一晚。花生米用微波炉高火两分半钟。②将泡好的粗粮和花生米用料理机打磨成糊，加热至沸腾即可。

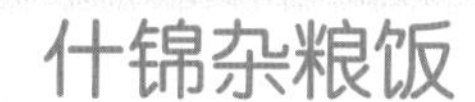

什锦杂粮饭

材料：大米、黑米、糯米、小米、红豆、花生、核桃仁、红枣、葡萄干、椰汁各适量。

做法：①将红豆、花生、核桃仁等不易煮烂的材料提前在凉水中泡 1 晚，或者先在锅中加少许水煮开，可以多焖一会儿。②将泡好的杂粮、坚果连同大米、黑米、糯米、小米等放入电饭煲中，加入适量水和椰汁。③加入去掉枣核的红枣、葡萄干。盖上盖子，点击焖饭模式即可。

解读：粗粮健脾除湿、消积下气、祛淤降浊。

改善宝宝肠胃功能的食物

下面是能够改善宝宝肠胃的营养素及其所对应的食物。

蛋白质。蛋白质是提高免疫力的主要营养物质，同时也能很好地改善胃肠道功能，并且对脑细胞的增长发育有好处。平时要适当摄入含优质蛋白的食物，例如肉、鱼、蛋、禽、豆制品等，主食（谷类）中也含有大量蛋白质。

维生素。维生素对宝宝胃肠道功能的发育、调节具有积极作用，所以宝宝要获取足量的维生素，以保证胃肠道的吸收利用。富含维生素的食物有动物肝脏、蛋黄、肉、豆类、坚果、新鲜蔬菜等。

菌类。菌类在胃肠道功能方面发挥着重要作用。如果平时没有接触细菌的机会，周围环境太干净，肠道就无法发育成熟；少量的细菌进入肠道后，对肠道的免疫功能建立有好处。菌类食物有蘑菇、木耳等。

专家推荐

秋葵炒鸡蛋

材料：秋葵、鸡蛋各适量。

做法：①秋葵洗净，整只下沸水，焯一分钟。捞出过凉，去除头尾，切斜片。②鸡蛋打散，加一勺水和少量盐，入锅快炒，盛出装盘。③锅中倒油，烧热后倒入切好的秋葵，炒一分钟，加入鸡蛋一起炒几下，加少许盐即可。

木耳娃娃菜

材料：木耳、娃娃菜各适量。

做法：①木耳用水浸泡 30 分钟，去掉根部，撕成小块，在热水中焯一下。娃娃菜洗净切片。②锅中放油，将娃娃菜炒熟，最后放入木耳，加生抽、白糖、盐调味即可。

解读：富含蛋白质的鸡蛋，富含维生素的蔬菜，以及菌类食品木耳都对改善宝宝肠胃有重要的作用。

提高宝宝心·肺功能的食物

可以提高宝宝心肺功能的食物有新鲜水果及绿叶蔬菜，它们含有的维生素C、胡萝卜素可以增加肺通气量。

梨：梨是很好的增强心肺功能的水果，有清心、润肺、降火、生津的作用。

冬瓜：冬瓜有清热、化痰、解渴、利尿等功效，也可治疗水肿、痰喘、暑热等症。冬瓜带皮煮汤喝可起到消肿利尿、清热解暑的作用。

银耳：银耳含有多种维生素及矿物质，具有滋阴润肺、生津止咳、清润益胃、补益气血、强壮身心、嫩肤美容的功效。

洋葱：洋葱中含有蒜素，有很强的抗菌、灭菌能力，能抑制各种细菌病毒的侵入，尤其对呼吸系统、心血管循环系统疾病的防治有显著效果。

萝卜：萝卜是一种具有很高药用价值的蔬菜。常吃生萝卜，可预防呼吸道感染、喉痛、支气管炎等病症，还能宣肺化痰，治疗咳嗽多痰的疾病。

冬瓜排骨汤

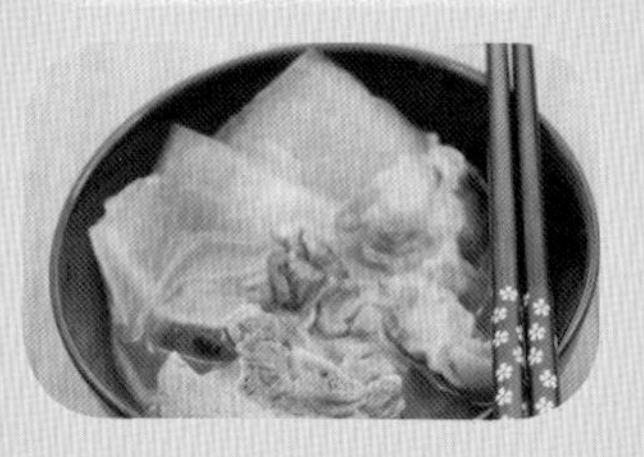

材料：冬瓜、排骨各适量。

做法：①将排骨洗净，过沸水焯一下，冬瓜切片。葱挽结，姜切片。②砂锅装冷水，将排骨倒入，大火烧开转小火，煲1小时左右（期间不要加水）。③将冬瓜放入，煲15分钟左右，加盐、撒葱花，即可出锅。

解读：冬瓜性凉而味甘，能清热解毒、利尿消肿、止渴除烦。

银耳百合莲子羹

材料：银耳、百合、莲子、枸杞、冰糖各适量。

做法：①银耳提前泡软，洗干净掰成小片放在砂锅中。②加入水和冰糖烧开，转小火把胶质炖出来，大概1小时。③把百合和莲子放进去，继续炖20～30分钟，把洗干净的枸杞放进去煮一会儿即可。

解读：银耳性平味甘淡，能滋阴润肺、养气和血、补脑提神。

养护宝宝肝、肾的食物

对肝脏有益的食物有：

• 荞麦：含烟酸，能促进机体的新陈代谢，增强解毒能力。

• 胡萝卜：增强人体免疫力，保护肝脏。

• 番茄：凉血平肝，清热解毒。

• 蜂蜜：对肝脏有保护作用，能促使干细胞再生，对脂肪肝的形成有一定抑制作用，还能增强宝宝的抵抗力。

• 绿豆芽：有清热解毒、利尿除湿、疏肝理气的作用。

对肾脏有益的食物有：

• 鱼肉：鱼肉（特别是深海鱼）富含可抗击炎症的 ω-3 脂肪酸，有助于保护肾脏，并且是优质蛋白的重要来源。

• 西蓝花：除富含维生素及矿物质等基本营养素外，西蓝花中还富含吲哚及硫氰酸盐等有益成分，这些都有助于清除体内毒素，从而减小肾脏负担。

• 山药：山药富含对宝宝有益的微量元素，具有益肾、补脑等功效。

醋熘豆芽

材料：绿豆芽适量。

做法：①绿豆芽沸水里焯一下，然后冷水冲凉沥干。②热锅冷油放花椒，炸出香味儿后把花椒捞出来，放葱白爆香。③豆芽倒进锅里炒，变色后加适量的盐，翻炒后放白醋，再炒一下关火。

解读：豆芽可疏肝理气。

西蓝花炒虾仁

材料：西蓝花、虾仁各适量。

做法：①西蓝花洗净后用淡盐水浸泡 15 分钟，去除残留的农药。②西蓝花去掉粗茎，择成小朵，虾仁用生抽、淀粉腌一下，大蒜拍破切碎。③锅中加适量清水，烧开后放入少许盐，将西蓝花放入煮几分钟，熟透后捞出。④锅中倒入少许油，下蒜末、虾仁翻炒变色，放入西蓝花翻炒均匀即可出锅。

解读：西蓝花有助于减小肾脏负担。

呵护宝宝皮肤的食物

皮肤颜色的深浅与黑色素的代谢关系密切。在人的表皮基底层有一种黑色素细胞，含有合成黑色素必需的酪氨酸酶，这种酶具有将酪氨酸氧化成多巴和多巴醌的色素。黑色素生成的越多，皮肤就越黝黑，反之皮肤则越白皙。

由此可见，酪氨酸酶及多巴和多巴醌是生成黑色素必不可少的物质。因此，在日常饮食中，经常食用富含以上物质的食物，以及不断补充能增加酪氨酸酶活性的食品，皮肤的颜色往往就较深。反之，若经常摄取能中断黑色素代谢过程的食物，皮肤颜色往往就较浅。

Tips

虽然这些食物会让宝宝皮肤的颜色较为黝黑，但不可不吃。因为铜、锌、铁等矿物质是宝宝生长发育所不可缺少的元素。

哪些食物会影响黑色素的合成呢？研究表明，酪氨酸酶的活性与体内的铜、铁、锌等元素密切相关，因此平时进食富含这些元素的食物越多，皮肤的色泽往往就越黝黑。这些食物包括动物的肝脏、肾脏，蛤、蚌、蟹、河螺、牡蛎等甲壳类动物，大豆、扁豆、青豆、赤豆等豆类，花生、核桃、榛子等硬壳果类，以及黑芝麻等。

相反，抗氧化物维生素 C 能中断黑色素生成的过程，可以阻止多巴醌进一步氧化而被还原为多巴，并能降低血清铜和血清铜氧化酶的含量，影响酪氨酸酶的活性，从而干扰黑色素的生物合成。

专家推荐

红枣红豆薏仁牛奶粥

材料：红豆、薏米、冰糖、红枣、牛奶各适量。

做法：①红豆和薏米 2:1，洗净，泡 20 分钟。放入电饭煲，加平时煮饭 1.5 倍的水。②蒸煮键，等水烧开后煮 10 分钟，再转婴儿粥键煮 60 分钟。③加入冰糖、对半切的红枣。再煮30分钟后加入牛奶，蒸煮键煮开几分钟即可。

解读：红枣是维生素 C 含量最为丰富的食物之一，红豆和薏仁富含 B 族维生素。

保护宝宝视力的食物

保护视力的方法除了适度用眼、远眺、多看绿色植物以外，饮食也是关键因素。充足的维生素补充对保护宝宝的视力是十分重要的，请参考下表。

分类	如何摄取	缺乏时容易引起的眼睛疾病
维生素 A	鱼肝油、奶油、动物肝脏、黄色蔬菜、深绿色蔬菜、黄色水果、牛奶、奶酪、蛋黄、柿子、西红柿	夜盲症、视网膜色素变性、干眼症、视网膜炎
维生素 B_2	黑带糖蜜、牛奶、蛋黄、肉类制品、动物性蛋白质	视神经炎、睑缘炎、结膜炎
维生素 B_6	肉类、肝脏、扁豆、香蕉、核桃、绿叶蔬菜	流行性角膜结膜炎
维生素 B_{12}	蛋黄、动物性蛋白质、牛奶、内脏	损伤视神经或堵塞视网膜中的血管
维生素 C	橘子、萝卜、甜菜、草莓、菠菜、番茄、西瓜、花椰菜	砂眼瘀斑，结合膜下、玻璃体、视网膜等起变化

对眼睛有保护作用的营养素还有泛酸（动物内脏、蛋黄、夹豆类、小麦胚芽、鲑鱼）、维生素 D（鲑鱼、沙丁鱼、强化牛奶和奶品、蛋黄、动物内脏、鱼肝油、钙片）、维生素 E（冷压油、蛋、红花籽油、黄豆）、维生素 P（柑橘类水果、荞麦）。

专家推荐

奶香明目羹

材料：南瓜、胡萝卜、奶酪、核桃仁碎粒各适量。

做法：①南瓜、胡萝卜切薄片。②将南瓜和胡萝卜在油锅里炒下，加水，小火 8 分钟左右。③加入一片奶酪，搅拌到奶酪融化后，倒入搅拌机一分钟，倒入碗中，撒上核桃仁碎粒。

解读：南瓜和胡萝卜属于黄色蔬菜，和奶酪都富含维生素 A，有助于眼睛健康。

提高宝宝听力的食物

富含铁的食物。补铁是预防或缓解耳疾的第一要素。富含铁元素的常见食物有紫菜、动物肝脏、动物血、菠菜、虾皮、海蜇皮、黑芝麻、黄花菜、黑木耳等。尤其推荐紫菜，每 100 克紫菜中含 46.8 毫克铁。

富含锌的食物。锌能促进脂肪代谢，保护耳动脉血管。富含锌的常见食物有鱼、牛肉、黑米、奶制品、牡蛎、鸡蛋等。各种海产品、苹果、橘子、核桃、黄瓜、西红柿、白菜、萝卜、酵母、芝麻、花生、大豆、糙米、全麦面等食物中含锌也都比较多。

促进血液循环的食物。新鲜绿叶蔬菜、黑芝麻、核桃、花生、黑木耳、韭菜等食物能改善血液循环，增加耳部的血量供给，从而保护内耳，有利于保持耳部小血管的正常微循环，进而改善听力。

富含镁元素的食物。镁也是改善听力的物质。富含镁的常见食物有红枣、核桃、芝麻、香蕉、海带、菠萝、芥菜、黄花菜、菠菜、紫菜和杂粮（尤其是粗杂粮）等。

富含胡萝卜素或维生素 A 的食物。胡萝卜素和维生素 A 能给内耳的感觉细胞和中耳上皮细胞提供营养，增强耳细胞活力。富含这一物质的食物有胡萝卜、南瓜、番茄、鸡蛋、莴苣、西葫芦、鲜橘等。

牛奶。牛奶富含维生素 A、D、B_1、B_2、B_6、B_{12}、E 和胡萝卜素，再配合钙的吸收利用，对改善血液循环和防治耳聋很有帮助。

紫菜蛋花汤

材料：紫菜、鸡蛋各适量。

做法：①鸡蛋加点盐，划散，紫菜洗一下。②水开后，将火关小，将打好的蛋液围绕中间沸腾的水倒入。③为了使蛋花比较嫩，盖上锅盖熄火，等半分钟后再打开，加入洗好的紫菜，加点盐、香油，撒葱花即可。

解读：鸡蛋中富含蛋白质，有利于铁的吸收。

番茄土豆牛肉汤

材料：牛肉、番茄、土豆各适量。

做法：①牛肉洗净切块，加入盐和玉米淀粉拌匀。土豆、番茄洗净切块。②热油锅，放入番茄爆炒，加适量白糖，炒至出水，放入牛肉、土豆继续翻炒，加适量沸水，小火煮 30 分钟。③出锅前加盐调味。

解读：番茄富含胡萝卜素和维生素 A，有助于增强耳细胞活力。

促进宝宝睡眠的食物

牛奶：牛奶中含有色氨酸和肽类，色氨酸是促进睡眠血清素合成的原料，肽类对机体生理功能具有调节作用，这两种物质对宝宝睡眠都有很好的作用。

小米：小米中同样含有色氨酸，可以促进大脑神经细胞分泌五羟色胺，具有促进睡眠的作用。小米中还含有丰富的淀粉，可使人产生饱腹感，这时可以促进胰岛素的分泌，提高进入脑内色氨酸的量。

葵花籽：葵花籽含有多种氨基酸和维生素，可以调节细胞的新陈代谢，改善脑细胞抑制机能，镇静安神，促进睡眠。

核桃：核桃可以调节神经紧张的症状，提高睡眠质量。

大枣：枣中富含的糖、蛋白质、维生素C、铁、钙、磷等营养成分有安神镇静的作用。

苹果：苹果中的苹果酸、果糖等可以诱发机体产生一系列反应，生成血清素，促进睡眠。

蜂蜜：蜂蜜具有补中益气、安五脏、和百药之功效，有纠正失眠的作用。

专家推荐

蜂蜜牛奶杏仁露

材料：蜂蜜、牛奶、甜杏仁各适量。

做法：①准备好纯牛奶和蜂蜜，杏仁提前2小时浸泡。②将泡好的杏仁放入料理杯中，倒入牛奶，搅拌成细腻的浆汁，然后倒入锅中小火煮20分钟。③将煮好的饮品凉到微温，加入适量蜂蜜即可。

解读：牛奶和蜂蜜中都含有能治疗贫血症的铁等矿物质，二者的分子结构不会相互抵抗，而是能很好地结合。蜂蜜加热牛奶是很好的助眠饮品，可以让宝宝睡得更安稳踏实。

10招改变宝贝不吃蔬菜的习惯

- 父母本身不挑食。只有父母不因口味喜好选择蔬菜，才能影响和纠正宝宝对不常吃蔬菜的反感。
- 不要强迫宝宝进食。对一些有特殊气味的蔬菜，如辣椒、茼蒿、芹菜、香菜等，父母要给宝宝时间适应，不能强迫他进食。
- 进行食物搭配。把宝宝不喜欢吃的蔬菜与其他食物搭配，使其不经意地吃掉或者改换含有类似营养素的蔬菜。
- 搭配肉类做成馅料。某些蔬菜可以与肉类搭配做成馅料，做成包子、饺子、馅饼、锅贴、馄饨之类的食物。
- 变花样做菜。建议父母变着花样给宝宝做出他们容易接受的菜，比如有些蔬菜可以炒、炖、蒸，还可以凉拌。
- 合理搭配三餐。再好吃的山珍海味天天吃、顿顿吃，成年人也会腻，更何况两岁左右的宝宝，所以三餐搭配要合理。
- 改变形状。可以把食物做成小巧的、可爱的造型，宝宝都喜欢花样造型。
- 对宝宝不喜欢吃的蔬菜不要负面强调。如果动不动就和别人说我家宝宝不喜欢吃蔬菜，就爱吃肉，那么在宝宝的大脑中就会形成一种定式——肉是好吃的，蔬菜是不好吃的，再指望宝宝能够主动吃蔬菜就很难了。
- 经常讲解蔬菜与健康的关系。可以带着宝宝去一些生态园、菜地观赏蔬菜的生长，带宝宝去市场、超市采购蔬菜，最后让他观看蔬菜怎么样变成餐桌上的美食。教育和引导宝宝认可吃蔬菜会长得聪明、漂亮，长得高、长得壮，不易生病，身体更健康。
- 创造良好的饮食氛围。除了家人吃饭的时候不看电视、不玩手机，积极吃蔬菜带动宝宝，还可以偶尔让同龄宝宝也正面影响一下。如果身边有爱吃蔬菜的朋友家宝宝或者宝宝的玩伴，不妨偶尔邀请他们和自家宝宝一起进食，当宝宝看到别人都喜欢吃蔬菜，他就会从心理上慢慢接受了。

专题

特殊情况，宝宝应该怎么吃？

上火

宝宝上火的原因有以下几种：

- 吃得过多，导致胃火发生。
- 病邪入侵，宝宝自身脏腑娇嫩，免疫系统脆弱，一旦病邪滞留在体内，就容易“郁而化火”。
- 各种细菌与病毒侵袭机体，导致体内水分流失过多，使得宝宝产生内火。
- 宝宝本身的肠道蠕动功能弱，消化液的分泌较少，易导致便秘，造成虚火内燥。

如果宝宝上火了，推荐几种食物供家长参考：

绿豆汤或绿豆稀饭。绿豆性寒味甘，能清凉解毒，清热解烦。

水果。柚子、梨性寒味微酸，除能清热外，还能清喉润肺，适合咽干而痛的宝宝；荸荠性微寒，果汁丰富，适用于心烦口渴、口舌生疮、便干尿黄的宝宝；杨桃性寒，味酸甜，清热生津，适合内火炽盛、口腔溃疡破烂的宝宝。

香蕉煮冰糖。香蕉性寒，有助于清热润燥，润肠通便。

牛奶粳米粥。牛奶性味甘、平，有生津液、润脏燥之功效。与粳米煮成粥，有润五脏、补虚损、养阴生津的作用。

专家推荐

绿豆汤

材料：绿豆、冰糖各适量。

做法：绿豆洗净，提前浸泡2～3个小时，放入电压力煲，倒入清水，放入冰糖，选择煮粥煲汤功能键即可。

解读：绿豆性寒味甘，能清热解毒。

冰糖莲藕荸荠水

材料：莲藕、荸荠各适量。

做法：①准备好食材，荸荠、莲藕去皮切块。②锅中加入适量水，放入荸荠和莲藕大火煮开，中小火炖煮20分钟。③加入适量的冰糖煮至融化即可。

解读：冰糖莲藕荸荠水是清热去火的滋润汤品。

肝火旺

肝火旺常见的表现为脾气暴躁、眼睛干涩、口苦、舌下颜色发青、睡眠时易动等。

肝火旺的饮食原则有多喝水，多吃新鲜蔬菜水果，适当增加祛肝火食品，但用量不宜过大；平时少食用或不食用过于油腻和不好消化的食物，以及辛辣生冷的刺激性食物。

胡萝卜苹果饮

材料：苹果、胡萝卜、蜂蜜各适量。

做法：①胡萝卜洗净去皮切块，苹果洗净切块。②将苹果块与胡萝卜块一同放入榨汁机中，通电榨汁后，倒入杯中饮用即可。

解读：胡萝卜能提供丰富的维生素A，苹果中含有丰富的维生素C、胶质和矿物质。它们一起榨成的果汁能帮助宝宝促进消化，润肠通便。

另外，推荐一些清肝火的食物：

水果：梨和柚子，性寒，能清润肝肺，对于肺热咳嗽吐黄痰、咽干而痛的宝宝极为适宜。

蔬菜：白菜，性微寒，有清热除烦、利二便的作用。茄子，性寒凉，可以清热解毒。

饮品：菊花、玫瑰花都可以清肝火，可以用来泡水喝。

主食：薏米莲子粥的清肝火效果很好，莲子芯泡水喝也可平肝火。

除了在饮食上调节外，还要注意宝宝的情绪调节，家长不要对宝宝发脾气，同时也要养成良好的起居习惯。

宝宝肝火旺在早期通过食疗大多可以康复，但是如果比较严重，甚至已经引发了肝脏炎症，肝功能出现了异常，还需要到正规的医院接受治疗。

蒸茄子

材料：茄子、蒜各适量。

做法：①茄子剖开切成段，蒸15分钟之后，倒掉蒸出来的水，放凉备用。②蒜头切末，加少许盐、酱油、醋一起调匀，淋在茄子上，拌匀。

解读：茄子可清热解毒，但给易“上火”宝宝食用时不要用油烧的方法烹饪。

胃火大

胃火大表现为牙龈红肿热痛、口腔异味、舌体鲜红、咽喉肿痛、大便干燥等。如果宝宝有以上症状可以考虑适当地摄入一些祛胃火的食物，但是不要轻易食用一些寒凉的药物，应当在中医师的指导下使用配伍中药进行调理，达到清胃降火而不伤胃的目的。

祛胃火的饮食建议有以下几点：

小米绿豆粥。绿豆能清热解毒，清热解烦；小米能祛火安神，消暑止渴。

新鲜水果。柚子、梨能祛火消食；杨桃能清热生津，避免内火炽盛。

清火的蔬菜。白菜、油麦菜有清热除烦、利二便的作用；芹菜能去肝火，解脾胃郁热；茄子可以清热解毒；冬瓜煮成冬瓜汤，能清降胃火，还有良好的清热解暑功效。

甘蔗汁。甘蔗味甘性凉，对缓解肠胃热颇有效果。

银耳汤。银耳具有补脾开胃、滋阴清肠的功效。

多喝水。适当地多喝水对宝宝各种胃火大的症状总是有效的。胃火过大常会使宝宝感觉口干脸热，多喝水可以极大地缓解这些症状。

专家推荐

芹菜炒豆腐干

材料：香芹、香干各适量。

做法：①香芹去掉叶子洗干净切段，香干切成条。②锅内放植物油烧热，放入香干炒至微微焦黄，再放入香芹一同翻炒，放适量盐调味，适量酱油调色，翻炒均匀即可出锅。

解读：芹菜能去肝火，解脾胃郁热。

胡萝卜甘蔗汤

材料：胡萝卜、甘蔗各适量。

做法：①准备好食材，胡萝卜、甘蔗去皮切块。②锅中加入适量水，放入胡萝卜和甘蔗大火煮开，中小火炖煮 20 分钟。③加入适量的冰糖煮至融化即可。

解读：冰糖胡萝卜甘蔗水是清热去火的滋润汤品。

脾胃不和

宝宝出现脾胃不和，通常会有这些表现：

- 食欲不振，饮食量比平时明显减少，对平时喜欢吃的食物也不感兴趣。
- 消化不良，大便有不消化物或奶瓣，气味臭秽。
- 睡眠质量差，睡不踏实，易醒。
- 面色发黄，精神差，爱发脾气，常哭闹。
- 腹胀、腹痛，进食后腹部不适，有胀痛感。

如出现以上症状，就表明宝宝的肠胃功能可能失调，需要及时调理。饮食原则为适当多饮水，清淡饮食，少食多餐，忌油腻凉性不易消化食物。

对宝宝脾胃不和有益的食物有：

新鲜水果。苹果有健脾益胃、生津止渴的作用；山楂有健胃消食、活血化瘀的作用；香蕉有清热润肠的作用；黄桃有补脾生津、活血消积的作用；荔枝有补脾益肝、养血安神的作用；橙子有健脾和胃的作用；木瓜有健脾胃、助消化的作用。

新鲜蔬菜。白萝卜能促进胃肠蠕动，帮助消化，增进食欲；西红柿及绿叶菜等含维生素 C 的蔬菜对胃肠道有保护作用并且能够提高其功能，所以能有效发挥脾胃的作用。

清蒸白萝卜

材料： 白萝卜适量。

做法： ①白萝卜切薄片，上锅蒸，水烧开后大火蒸十分钟左右。②趁热从蒸锅中取出，将盘子里蒸出的萝卜汤汁倒入小碗，做调汁用。③将盐加入热汤汁，使其溶化，然后分别加入蚝油、香油、花椒油。④将调好的调料汁浇在萝卜片上，撒上香葱碎。

解读： 白萝卜能促进胃肠蠕动，帮助消化，增进食欲。

贫血

轻微的贫血是很难通过宝宝外观来判断的，到了一定时期会表现出面色苍白或萎黄、乏力疲劳、不够活泼好动、嘴唇指甲发白无色、食欲下降、注意力不集中、情绪不稳定、抵抗力下降等症状。

贫血宝宝的饮食原则是增加摄入含铁量高的食物、饮食种类多样化、适当增加富含维生素 C 的食物、荤素搭配、尽量避免用餐时大量喝茶或者咖啡，以免影响铁的吸收。

贫血宝宝的饮食建议：

动物肝脏。每 100 克猪肝含铁 25 毫克，而且也较容易被人体吸收。

各种瘦肉。虽然瘦肉里含铁量不太高，但铁的利用率却与猪肝差不多。

鸡蛋黄。每 100 克鸡蛋黄含铁 7 毫克，尽管铁吸收率只有 3%，但鸡蛋原料易得，食用保存方便，而且还富含其他营养素。

动物血液。猪血、鸡血、鸭血等动物血液里铁的利用率为 12%，可以加工成血豆腐。

黄豆及其制品。每 100 克的黄豆及黄豆粉中含铁 11 毫克，人体吸收率为 7%，远较米、面中的铁吸收率高。

芝麻酱。每 100 克芝麻酱含铁 58 毫克，同时还含有丰富的钙、磷、蛋白质和脂肪。

蔬菜。虽然植物性食品中铁的吸收率不高，但儿童每天都要吃它，所以蔬菜也是补充铁的一个来源。

鸭血粉丝汤

材料：鸭血、红薯粉各适量。

做法：①鸭血切丝，红薯粉泡好，香葱、香菜切末。②水烧开后，放入红薯粉煮熟，然后倒入鸭血。③将鸭血和粉盛到碗里，滴上香油，撒上香菜、香葱末。

解读：鸭血中铁的利用率很高，可以很好地缓解贫血症状。

虚胖

部分宝宝看起来白白胖胖十分惹人喜爱，可是其免疫力低下，平时很容易感冒、腹泻、多痰，这种体质称为虚胖，也叫泥糕型体质。

造成宝宝虚胖体质的原因大概有以下几种：遗传、家长过早地为宝宝添加辅食、添加辅食品种单一。

虚胖型宝宝的饮食原则是少食多餐、食物种类多样化、适当减少主食摄入、多吃新鲜蔬菜水果、适当摄入优质蛋白、低盐低油饮食。

虚胖型宝宝的饮食建议：

• 多摄取一些利尿、消肿的天然食物，如薏仁、冬瓜、赤豆等。

• 对于体质虚弱的肥胖者，还要注意食补，经常吃一些强肾健脾，并能让气血运行畅通的温补型补品，如老鸭汤、山药排骨汤等。

• 适当增加维生素 C 含量高的食物，如猕猴桃、柚子、西红柿、圆椒等。

• 适当增加含优质蛋白多的食物，如瘦肉、鱼肉、鸡肉、鸡蛋等。

• 适当增加绿叶菜的摄入，绿叶菜中含有丰富的人体所必需的维生素及矿物质，能够增强机体代谢机能，帮助宝宝改变虚胖体质。

除了以上内容以外，适当的运动及优质睡眠也是改变宝宝虚胖体质的关键，运动能够消耗机体的热量，优质的睡眠能够提高机体免疫力，这些对于虚胖型体质的宝宝来讲都是很有必要的。

专家推荐

番茄冬瓜汤

材料：番茄、冬瓜各适量。

做法：①洗净番茄、冬瓜，冬瓜去皮，切块，番茄切成半月形。②起油锅，煸炒番茄至酥烂，放入冬瓜和适量水烧至汤水沸腾且冬瓜呈透明状，根据口味加盐，出锅。

解读：冬瓜利尿、消肿。

山药排骨汤

材料：排骨、山药各适量。

做法：①排骨洗净，山药去皮切块。②锅中加排骨、清水、姜片和花椒大火煮开，撇去浮沫转小火，盖上盖子小火煮 1 小时左右。③揭开锅，加入山药块，再煮 20 分钟左右，让山药煮软，起锅前撒点盐即可。

解读：本菜可以强肾健脾，让气血运行畅通。

专家推荐

香蕉牛奶

材料：香蕉、牛奶各适量。

做法：香蕉切块放入密封袋里，放入冰箱冷冻到硬，放入搅拌器，加入牛奶搅拌打匀，混合均匀倒出来就可以喝了。

解读：香蕉有祛热除湿的作用。

薏米赤小豆水

材料：薏米、赤小豆各适量。

做法：薏米和赤小豆洗净，提前泡 3 ~ 4 个小时，放入高压锅加需要的水量，盖好盖子煮 25 ~ 30 分钟。煮好后将水装进器具中，平时当水饮用。

解读：该汤有清热利湿的作用。

湿热

湿热型宝宝的症状一般表现为情绪烦躁，经常会有压抑、紧张、焦虑的情绪；受湿热侵袭时间较长的宝宝会出现四肢发沉、倦怠、慵懒症状；一般在午后可能有发热症状，并且舌苔黄腻，面部容易出油等。

引起宝宝湿热的原因有很多：

饮食因素。饮食不节，宝宝每次进食量过大，摄入过量甜食或过于油腻的食物。

情绪因素。宝宝心情长时间不好会导致肝胆湿热或脾胃湿热。

气候因素。宝宝的生活环境会影响宝宝的症状，夏季与秋季交替的季节是宝宝最易产生湿热症状的时期，家长要尤其注意。

湿热型宝宝饮食建议：

适当多吃蔬菜和水果。冬瓜、丝瓜、绿豆芽、黄豆芽、山药、西红柿、萝卜、黑木耳、木瓜、梨子、香蕉等，都有祛热除湿的作用，同时还可以为宝宝补充维生素及矿物质等营养素。

适当饮水。平时最好适当多饮用温开水，这样可以促进内热的排出，加快宝宝的新陈代谢。

宝宝的主食可以适当增加粥的摄入。例如小米粥、薏米粥等，可以健脾祛湿养胃。

适当喝些祛湿热的汤。可以将冬瓜、红豆及少量的排骨一起为宝宝煲汤喝，清热利湿效果甚佳。

做饭时适当放一些具有温中祛湿作用的作料。生姜、大茴香、桂皮等香料具有祛寒、除湿、发汗等功效。

燥热

燥热型宝宝的症状一般为经常发热，情绪烦躁，爱发脾气；舌苔红，同时伴有黄苔；容易有口干、鼻干等症状；常便秘，有时小便量少，颜色发黄；免疫力低下，容易感冒、起湿疹等。

燥热型宝宝饮食原则为多吃蔬菜水果、多饮水、清淡饮食、少吃油腻辛辣温热性食物。

燥热型宝宝饮食建议：

多喝水。多喝水可以补充机体水分，清热解毒，促进宝宝的新陈代谢。

多吃蔬菜。白菜，清热除烦，排毒通便；茄子，清热解毒，祛肝火；莴笋，清热、顺气、化痰；油麦菜，清热祛火、利尿排毒；西红柿，祛心火，提高免疫力；黄瓜，清热解毒，祛肝火；莲藕，清热生津，润肺止咳，祛肺火。

多吃水果。寒凉的水果可以清热、解毒，帮助消除热病，包括西瓜、柿子、香蕉、草莓、雪梨、甘蔗等。平性水果包括葡萄、苹果、柠檬、杨桃、菠萝等。

适当添加利尿类主食。可以适当让燥热型宝宝多摄入些粥类等软食，适当加入利尿的薏米或绿豆等。

Tips

宝宝年龄较小，身体发育还不成熟，体质较弱，对于寒凉的水果要少量食用，并且不可多种寒凉水果一同食用，否则可能引起宝宝腹痛腹泻、头晕头痛等症状。

专家推荐

凉拌莴笋

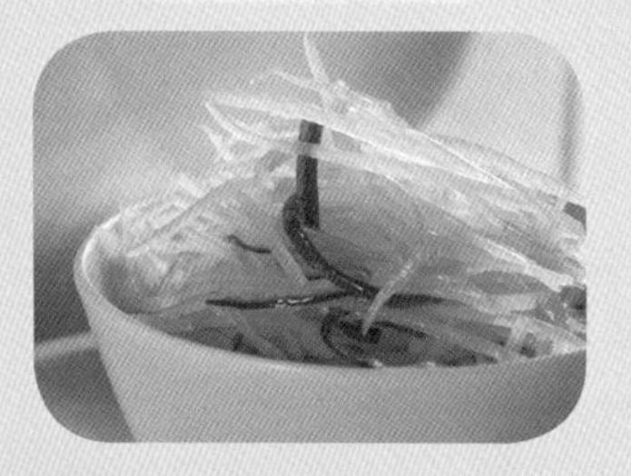

材料：莴笋适量。

做法：①莴笋切成细丝，撒1小勺盐拌匀，腌渍2分钟后冲洗干净并控干水分。②调入盐、苹果醋、细砂糖和少许鸡精拌匀，淋上香油，点缀红彩椒即可。

解读：莴笋可清热化痰。

冰糖雪梨

材料：雪梨、冰糖各适量。

做法：雪梨去皮，沿上部1/3处削开，形成顶盖，挖空梨中间填上冰糖，用牙签封口，上火隔水蒸一个小时左右即可。

解读：雪梨属于寒凉的水果，有清热祛火的功效。

3岁前吃对食物，孩子一生好体质

生病时这样吃，宝宝身体好得快

01 风寒感冒

风寒感冒一般起病较急，初始症状为鼻塞、打喷嚏、咽部肿痛、吞咽时有疼痛感、声音嘶哑、扁桃体红肿、头痛、乏力倦怠等，如果没有其他并发症的话一般 5 ~ 7 天自愈。

宝宝感冒发烧期间的饮食原则是：多进食清淡、流食或半流食、提高免疫力的食物，适当饮水。

推荐食物	主要功效
白粥、面条	这类主食清淡少油，为半流食状，宝宝易于接受，还可以提供能量
绿豆汤	绿豆属凉性，有清热解毒、消暑的作用
牛奶	牛奶可给宝宝提供一定量的蛋白质和矿物质
鲜果汁	在夏天喝西瓜汁，有清热解暑、止渴、利尿的作用；在秋冬季节喝鲜梨汁，有润肺、清心、止咳、去痰等作用，喝新鲜橘子汁有去湿、化痰、清肺、通络等作用
富含维生素 C 的食物	维生素 C 可增强体内的吞噬细胞以及白细胞杀伤进入机体内病原微生物的能力，这类食物有圆椒、绿叶菜、水果等
富含维生素 A 的食物	在感冒高发季节多吃些富含锌的食物，有助于机体抵抗感冒病毒。瘦肉、家禽肉含锌最为丰富，豆类、硬果类以及各种种子亦是较好的含锌食品，可以适当选用
富含锌的食物	冬春季节体内缺乏维生素 A 是儿童易患呼吸道感染疾病的一大诱因，富含维生素 A 的食物有胡萝卜、苋菜、菠菜、南瓜、红黄色水果、动物肝脏、奶类等
适当饮水	多喝水可以辅助排毒、利尿，缓解宝宝的不适症状

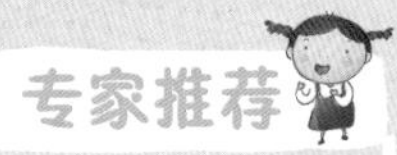

猕猴桃酸奶

材料：猕猴桃、酸奶各适量。
做法：猕猴桃去皮，切丁。最后淋上酸奶。
解读：猕猴桃富含维生素 C，有增强免疫力的作用。

02 风热咳嗽

风热咳嗽的主要临床表现为恶风发热、咳嗽，咳痰黄稠、不易咳出，咽喉疼痛，鼻流浊涕等；严重时还会气喘鼻扇，烦躁不安等。

宝宝风热咳嗽时应吃一些清肺解热、化痰止咳的食物。

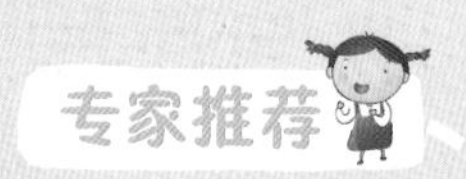

南北杏川贝雪梨汤

材料：雪梨、川贝、南杏、北杏、冰糖各适量。

做法：①雪梨洗净，去核切块；川贝、南北杏放在袋子中，用擀面杖碾碎。②炖锅中加适量清水，放入所有材料，加适量冰糖，小火煮 2 小时。

解读：川贝一般用于止咳化痰，对肺虚、各种咳嗽症状有缓解的功效。南北杏含丰富的维生素 E，具有润肺平喘、生津开胃、润肠等作用。梨性寒，有清热、化痰、止咳的作用。

蜂蜜梨水

材料：梨、蜂蜜、冰糖各适量。

做法：①将梨洗净去皮去核，放入碗中，放入蒸锅，蒸熟取出。②放置到常温后加入蜂蜜、冰糖调味即成。

解读：梨含有丰富的维生素 C、苹果酸、钙、铁、钾等营养成分，具有生津止渴、润肺清热、止咳化痰等功效，对宝宝风热咳嗽具有辅助缓解作用。

煮荸荠

材料：荸荠适量。

做法：取 2 ~ 3 只荸荠去皮，切成薄片，放入锅中，加一碗水，在火上烧 5 分钟即可。

解读：此方对热性咳嗽吐浓痰者效果较为明显。

煮萝卜水

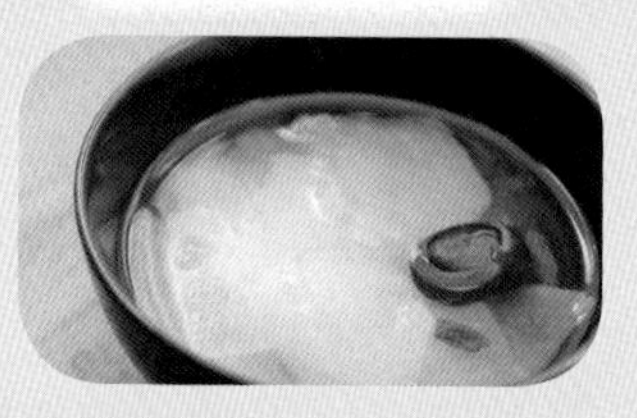

材料：白萝卜适量。

做法：白萝卜洗净，切成 4 ~ 5 个薄片，放入小锅内，加大半碗水，大火烧开后改用小火煮 5 分钟即可。

解读：此方治疗风热咳嗽、鼻干咽燥、干咳少痰的效果很好。

03 风寒咳嗽

一般来说，如果宝宝是刺激性干咳，痰液清淡，不发热，没有呼吸急促和其他伴随症状，则可推断为冷空气刺激性咳嗽。

冷空气是单纯物理因素，刺激呼吸道黏膜引起刺激性咳嗽。此病症好发于户外活动少的宝宝，突然外出吸入冷空气，娇嫩的呼吸道黏膜就会出现充血、水肿、渗出等类似炎症的反应，因而诱发咳嗽反射。

Tips

要让宝宝从小就接受气温变化的锻炼。经常带宝宝到户外活动，即使是寒冷季节也应坚持，只有经受过锻炼的呼吸道才能够顶住冷空气刺激。

宝宝风寒咳嗽后，家长也要注意，一些食物是不宜吃的，如绿豆、螃蟹、田螺、柿子、柚子、香蕉、甘蔗、西瓜、茄子、冬瓜、丝瓜、地瓜等。

专家推荐

冰糖炖梨

材料： 梨、冰糖各适量。

做法： 梨洗净，横断切开挖去中间核后，放入 2 粒冰糖。再把梨对拼好放入碗中，上锅蒸半小时左右即可。

解读： 梨具有生津止渴、润肺清热、止咳化痰等功效。

糖姜枣汤

材料： 红糖、鲜姜、红枣各适量。

做法： 红糖 30 克，鲜姜 15 克，红枣 30 克，水三碗煎至过半，熬成汤后服用。

解读： 该汤有止咳驱寒、清热通便的功效。

04 肠炎

肠炎的表现主要有腹痛、腹泻、稀水便或黏液脓血便，部分还会有发热、里急后重的感觉，所以也称为感染性腹泻。

引起肠炎的原因主要有以下两种：

物理刺激。暴饮暴食，摄入的食物过烫、过冷或过度粗糙，都有可能造成胃黏膜损伤，引起炎性。

化学刺激。食用辛辣食物与浓郁香料等，或者食入由细菌或其他毒素污染的食物都可能引发肠炎。

对患有肠炎宝宝的饮食建议：

饮水。肠炎常见的症状为腹泻，如果是由病毒引起的腹泻，第一天也不能摄入过多的水分，最好给宝宝喝白开水或淡盐水，只要摄取了水分，就不怕宝宝脱水，一般情况下只要能充分地摄入水，宝宝的食欲就会好起来，之后可以适当地给宝宝喝点热奶或者粥等好消化的食物。

多食用有止泻作用的食物。如山楂、马齿苋、石榴等。

多吃易消化的优质蛋白质。如瘦肉、禽类、鱼肉等。

专家推荐

苹果泥

材料：苹果一个。

做法：取一个新鲜、质地酥软的苹果切成两半，用调匙刮成泥状即可。

解读：苹果是碱性食物，含有果胶和鞣酸，有吸附、收敛、止泻的作用。

胡萝卜汤

材料：胡萝卜、糖各适量。

做法：①将胡萝卜洗净，切成小块，加水煮烂，用纱布过滤去渣。②按 500 克胡萝卜加 1000 毫升水的比例加水成汤，加糖煮沸即可。

解读：胡萝卜是碱性食物，所含果胶能使大便成形，吸附肠道致病细菌和毒素。

05 湿疹

湿疹是小儿常见的一种过敏性皮肤病，病因较为复杂，有时很难明确，日常生活中的多种因素都可以诱发此病。

饮食方面。如食用过量的牛羊肉、鱼、虾、蛋、奶等动物蛋白食物。

气候变化。如日光、紫外线、寒冷、湿热等物理因素刺激。

日常接触。如使用碱性肥皂，或使用药物不当，接触丝毛织物等。

机械性摩擦。如口腔中的唾液和溢奶经常刺激皮肤等。

喂养方面。如添加辅食种类偏多，使胃肠道功能紊乱等。

家庭病史。家族中有过敏性鼻炎、鱼鳞病或哮喘等疾病史的发病率也较高。

湿疹患者的饮食需要注意的内容如下：

选择清热利湿的食物。如冬瓜、胡萝卜、丝瓜、枸杞、荠菜、马齿苋、黄瓜、莴笋等，尽量少吃鱼、虾、牛羊肉和刺激性食物。

多吃富含维生素和矿物质的食物。如蔬菜汁、胡萝卜水、鲜果汁、西红柿汁、菜泥、果泥等，以调节宝宝的生理功能，减轻皮肤过敏反应。

以清淡为主，少加盐和糖。这样可以保持正常的消化和吸收能力，以免造成体内积存过多的水和钠，加重湿疹的渗出和痒痛感，导致皮肤发生糜烂。

要有忌口。患病后，应忌辣椒、毛笋、虾、蟹、糯米、茄子、肉、葱、蒜、胡椒、蘑菇、蚕豆、咖喱、咖啡等易过敏的食物。

注意营养的平衡。湿疹患者的饮食需要注意营养的平衡，要注意禁吃一些对这种疾病有刺激性的食物，其中辛辣的食物要尽量不吃，充分地补充维生素也是必要的选择。

适当摄入益生菌。益生菌既可以改善肠道消化吸收，也可以促进肠道黏膜免疫功能成熟，对预防小儿过敏有一定功效。

对洗澡水温进行控制。宝宝洗澡时水温要适宜，温度过高或洗澡时间过长都会加重病情，温度过低容易引起感冒。

06 中暑

刚中暑时，会出现恶心、心慌、胸闷、头晕、汗多等症状。轻度中暑时有发烧、面红或苍白、发冷、呕吐、血压下降等症状；重度中暑时会出现皮肤发白、出冷汗、呼吸浅快、神志不清、腹部绞痛，头痛、呕吐、抽风、昏迷，高烧、头痛、皮肤发红等症状。

对中暑宝宝的饮食建议：

夏季可多吃一些苦味的、富含维生素的食物。

饮食以清淡为好。少吃油炸或刺激性食物，以免烦渴和多饮使发热、口干、多尿等症状加重。

多吃解暑的青菜水果。解暑的青菜水果有西瓜、冬瓜等，经常服用冬瓜薏米粥、绿豆海带汤等。

每天补充足够的水分。最简单的是多饮开水或淡盐水，也可饮新鲜果汁、酸牛奶等。

少吃冷饮。婴幼儿的胃肠功能发育不全，吃冷饮会损伤他们柔嫩的肠胃。

合理安排户外活动。户外活动最好避开中午或午后最热的时间，尽量安排在早上或黄昏后；气温高时外出，要给宝宝穿上宽松且浅颜色的衣服，戴上阔边帽子或撑上一把遮阳伞。

一旦发现宝宝中暑，应马上把他转移到阴凉通风处，解开衣领、袖口等处散热，然后用冷毛巾擦拭宝宝全身。对于清醒的宝宝，可以给他饮用少量的淡盐水或新鲜果汁补充能量，也可按压人中、合谷穴位缓解不适症状。如果处理效果不明显应及时到医院就医。

清炒苦瓜

材料：苦瓜适量。

做法：①苦瓜切片，蒜瓣切末。②炒锅热油后放入蒜末煸香，再放入苦瓜煸炒，加盐炒熟后滴入几滴香油即可。

解读：苦瓜解暑功效显著。

07 消化不良

家长如果不能正确地喂养宝宝，损伤了肠胃，引起胃肠功能下降，宝宝就会出现腹胀、腹痛、排稀便、吐奶、有大量未消化的食物残渣等消化不良的表现。

幼儿长期消化不良，会造成营养素摄入不足，影响生长发育。特别是3岁以内的小儿，这一阶段正是大脑发育最旺盛的时期，是决定智力发育的关键时期，若消化功能未能及时得到改善，影响营养素的吸收，势必会影响大脑发育而遗憾终生。

下面推荐一些利于宝宝消化的食物：

山药米粥

材料：山药、大米各适量。

做法：①大米洗净，提前用水泡30分钟，山药去皮切块。②锅内加水，将大米和山药一起放入锅内，锅开后转中小火，熬至粥软烂黏稠即可。

解读：适用于小儿积食不消、吃饭不香、体重减轻、面黄肌瘦等症状。

材料：红薯、粳米各适量。

做法：①将新鲜红薯洗净，连皮切成小块。粳米淘洗干净，用冷水浸泡半小时，捞出沥水。②将红薯块和粳米一同放入锅内，加入适量冷水，锅开后转文火煮至粥稠即可。

解读：红薯中含有丰富的纤维素，对肠道蠕动有很好的刺激作用，可以缓解宝宝便秘的情况，但红薯不宜多吃，容易引起腹胀。

除了饮食以外，还要让宝宝注意卫生，养成饭前洗手的习惯，食用新鲜干净的食物；进餐时不看电视、不看书，尽量不讲话，以免影响消化。

08 肺炎

肺炎是宝宝的常见病和多发病，是小儿常见疾病中对生命威胁最大的疾患之一，年龄越小，并发症越多，病情越重。特别是在春夏之交，空气湿度较大，病原体易传播，肺炎发病率很高，更应引起家长们的重视。

小儿肺炎的主要症状是发热、咳嗽、气促、鼻干。对患有肺炎的宝宝来讲，除了要及时接受治疗和精心护理外，还要注意饮食和营养搭配，具体的饮食建议如下：

- 提供充足的蛋白质和热能，以弥补机体的消耗。
- 多补充含铁丰富的食物，如肝、蛋黄、瘦肉、绿色蔬菜等，以及含钙丰富的食物，如奶类、豆腐类等。
- 少食多餐，给予宝宝易于消化吸收的流食或半流食，如牛奶、鸡蛋羹、白米粥、面条等。
- 禁止食用生葱蒜、洋葱、辣椒等刺激性食物，严禁用胡椒粉、辣椒面、咖喱粉等有强烈刺激作用的调味品。
- 烹调方面避免过咸、过酸、过甜等口味，防止出现咳嗽、气喘等症状。

银鱼紫菜汤

材料：银鱼、鸡蛋、紫菜各适量。

做法：①紫菜泡水后沥干水分，银鱼洗净，鸡蛋打成蛋液。②锅内加水煮开，放入银鱼煮滚后，放入紫菜、姜丝。③再次煮开后，撒入蛋液、香油、盐和糖，稍微搅拌即可。

解读：银鱼富含蛋白质和钙，多吃可补充钙质，适宜体质虚弱、营养不足、消化不良、脾胃虚弱者及有肺虚咳嗽、虚劳等症者食用。紫菜富含铁、钙、磷等，可以促进肠胃机能，增强身体抵抗力。

实用速查表，让妈妈更省心

宝宝各阶段膳食宝塔

0 ~ 6 个月婴儿平衡膳食宝塔

母乳是 6 个月内婴儿最理想的天然食品。

新生儿期按需喂奶，一般每天喂奶 6 ~ 8 次。

可在医生的指导下，补充少量的营养，如维生素 D 或鱼肝油。

6 ~ 12 个月婴儿平衡膳食宝塔

谷类 40 ~ 110 克，蔬菜和水果各 25 ~ 50 克，鸡蛋黄或鸭蛋 1 个，鱼、禽、畜肉 25 ~ 40 克，植物油 5 ~ 10 克。

用婴儿配方奶补足母乳的不足（母乳、婴儿配方奶 600 ~ 800 毫升）。

继续母乳喂养。

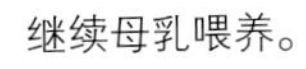

1 ~ 3 岁幼儿平衡膳食宝塔

植物油 20 ~ 25 克。

蛋类、鱼虾肉、畜禽肉等 100 克。

蔬菜和水果各 150 ~ 200 克。

谷类 100 ~ 150 克。

继续母乳喂养，可持续到 2 岁，或幼儿配方奶 500 ~ 700 毫升。

食物过敏程度层级表

过敏程度	低	中	高
五谷根茎类	小米、西米、糯小米、木薯（太白粉）、高粱		糯米、糯米粉、小麦胚芽、全麦面粉
蔬菜类	白萝卜、大头菜、卷心菜、芥蓝、小白菜、大白菜、小油菜、芥菜、油菜花、木耳、青椒、甜椒、西蓝花、菜花、绿芦笋、茼蒿、胡萝卜、南瓜、洋葱、青葱、冬瓜、豆芽菜、菊花、小松菜、莴苣、美生菜、菊苣、紫苏、寒天、昆布	秋葵、白芦笋、辣椒、花豆、青紫苏、韭菜、艾草、芹菜、大蒜、小黄瓜、香菜、山苏、蘑菇、蕨类、莲藕、香菇、丝瓜	番茄、菠菜、芝麻、大豆及其他豆类、姜、荞麦、茄子、山药、竹笋、牛蒡、芋头
果实类	苹果、梅、葡萄、西洋梨、梨子、红枣、甜柿、蓝莓、龙眼	草莓、枇杷、李子、樱桃、柚子、小番茄、西瓜、甜瓜、香蕉、榴莲	柑橘类、奇异果、木瓜、芒果、菠萝、鳄梨、坚果、栗子
奶蛋鱼肉类	河豚、鳗鱼、香鱼、鳟鱼、鲑鱼、泥鳅、黄花鱼、白带鱼、石斑鱼、鲤鱼	飞鱼、鲈鱼、红甘鱼、乌鱼、扇贝、螺肉、羊肉、牛肉、鲽鱼、比目鱼、鲣鱼、沙丁鱼、鳕鱼、樱花虾、章鱼、猪肉、鸡肉	秋刀鱼、虾、蟹、牡蛎、蛋、牛奶、乳制品、鳕鱼子、鲑鱼卵、海胆

宝宝食物黑名单

时间段	食物	危害及建议
1岁前	鲜牛奶、大豆、鸡蛋清、带壳的海鲜	容易导致宝宝发生过敏
	芒果、菠萝	芒果中含有一些化学物质，不成熟的芒果还含有醛酸，这些都对皮肤的黏膜有一定的刺激作用，引发口唇部接触性皮炎。菠萝含有菠萝蛋白酶等多种活性物质，对人的皮肤血管有一定的刺激作用，有些人食用后会出现皮肤瘙痒、四肢口舌麻木等症状
	汞含量较高的鱼	汞主要以甲基汞的有机形态积聚于食物链内的生物体中，特别是鱼类，而甲基汞可能会影响人类的神经系统，孕妇、胎儿和婴儿更容易受到影响。在选择鱼类时，应避免进食体型较大的鱼类或汞含量较高的鱼类
	食盐、食糖、酱油等调料品	不管是母乳、配方奶粉，还是辅食，里面都含有一定的钠，因为不是氯化钠，所以感觉不到咸味。这些食物的钠已经够宝宝生理上对其的需要了，无须多添加
	罐装食品	罐装的泥糊状食品不如自己在家做的新鲜，是否有添加剂或防腐剂也不确定
	花生、榛子等干果	容易导致宝宝发生过敏
	豆腐、果冻	韧性较大，若宝宝吞咽不当，容易如同胶布一样黏附在喉部，造成窒息

续表

时间段	食物	危害及建议
1～3岁	成人食物	婴幼儿味觉不够敏感，接受辅食原本没有问题，但是，一旦宝宝尝过大人食物后，就会刺激婴幼儿味觉过早发育；而一旦宝宝喜欢上大人食物的味道，再让他接受婴幼儿辅食时，就会出现辅食喂养困难
	甜水	要让宝宝养成喝白开水的习惯。不要为了让宝宝喜欢喝水，就往水里加果汁、糖等。过多糖分会影响孩子的牙齿健康，长期饮用还会对宝宝心脏、胰腺带来不好的影响
	矿泉水、纯净水	宝宝消化系统发育尚不完全，过滤功能差，矿泉水中矿物质含量过高，容易造成渗透压增高，增加肾脏负担。长期饮用纯净水，还会使宝宝缺乏某种矿物质，而且纯净水在净化过程中使用的一些工业原料，可能对婴幼儿肝功能有不良影响。饮水机容易造成二次污染，也不宜使用
	功能饮料	功能饮料中大都富含电解质，可以适当补充人体在出汗中丢失的钠、钾等微量元素。不过，由于宝宝的身体发育还不完全，代谢和排泄功能还不健全，过多的电解质会导致宝宝的肝、肾和心脏承受不了，加大儿童患高血压、心律不齐的概率，或者使肝、肾功能受到损害
	葡萄糖	宝宝吃葡萄糖，身体里的血糖会急剧升高，为了控制血糖，身体里的胰岛素就会加快分泌，而这些糖分很快被代谢掉后，血糖降低了，胰岛素又会快速减少分泌。胰腺快速分泌和降低分泌胰岛素会两次损伤胰腺，对宝宝今后的胰腺发育有很大损伤
	营养品（蛋白粉、牛初乳、维生素等）	市场上的营养品和补充剂不仅不能确定有效成分和含量，而且都含添加剂、防腐剂。选择的补充剂种类越多，添加剂和防腐剂也会越多。宝宝的肠道发育还没有成熟，负担会很重
	煮菜水	煮菜水里有安全问题，蔬菜表面的色素、化肥、农药会溶于水内，甚至有重金属，这些都会危害宝宝健康。菠菜、韭菜、苋菜等蔬菜含有大量草酸，不易被吸收，并且会影响食物中钙的吸收，可导致儿童骨骼、牙齿发育不良
	煮水果水	水果在煮的过程中大量维生素被破坏，水中没有营养，只有糖分

	食品名称	用料	制作	功效特点
4～6个月	西红柿汁	成熟的西红柿1个，温开水适量	把西红柿洗净，用开水烫软去皮，然后切碎，用清洁的双层纱布包好，把西红柿汁挤入小碗内，用温开水冲调后即可饮用	西红柿富含胡萝卜素、B族维生素和维生素C，可维持胃液的正常分泌，促进血红球的形成，利于保持血管壁的弹性，并可保护皮肤
	鲜橘汁	鲜橘子1个，温开水适量	将鲜橘子洗净，切成两半，压榨出橘汁，加入适量温开水即可	提高宝宝免疫力，润肺止咳
	肉汤牛奶	牛奶1大匙，肉汤2大匙	把肉汤放入锅内用火煮，煮片刻后加入牛奶	提高宝宝免疫力，增强体质
	南瓜汤	南瓜100克，肉汤、清水适量	南瓜去皮除籽，煮软后过滤，然后加入肉汤煮，开锅后用文火煮至黏糊状	补中益气，增进食欲，解毒健脾
	菜花汤	菜花150克，肉汤、开水适量	把菜花掰开用水洗干净，放入开水中煮软，研碎并过滤去渣，放入锅内加肉汤煮，边煮边搅拌，煮熟为止	能够提高宝宝记忆力，保护视力，促进生长

续表

	食品名称	用料	制作	功效特点
7～9个月	燕麦糊	燕麦片50克，水250克	锅烧开水，将燕麦片先用水调匀，然后倒入锅里，旺火烧开，文火煮20分钟左右	补充多种矿物质，调节胃肠道功能
	鱼菜糊	收拾干净的鱼1/3片，切碎煮软的土豆、胡萝卜、青菜叶各1小匙，切碎的葱头1大匙，豆油1小匙，面粉1小匙，牛奶1/2杯，肉汤少许	把收拾干净的鱼放热水中煮，剥去皮做成鱼泥。把豆油放入炒锅内使其烧热，再放入葱头和青菜炒，把牛奶和肉汤倒入面粉中，和匀后倒入青菜锅内，最后把鱼泥也倒入锅内一起用微火煮	提高宝宝免疫力，补充多种维生素及矿物质
	鸡肉粥	七倍粥（水和米的比例为7:1）小半儿童碗，鸡肉末1/2大匙，鸡汤1/4小匙	把鸡肉末放入锅内，加水微火煮，边煮边用筷子搅拌，煮到没有汤为止。然后将其研碎，加入七倍粥和鸡汤用微火煮片刻停火	提高免疫力，增强宝宝体质
	牛肉羹	牛腿肉200克，鸡蛋黄2个，葱、姜、淀粉、水适量	牛肉洗净剁成肉末。锅内加入适量水，加入姜末，烧开后将牛肉徐徐搅入水中，再将打匀的鸡蛋黄拌入，调好味后用淀粉勾薄芡，撒上葱花即可	补脾养胃，强筋壮骨，易于宝宝消化吸收
	蔬菜土豆团	碎土豆3大匙，过滤胡萝卜1/2小匙，过滤菠菜1/2小匙	把碎土豆上火煮软后放入容器内，用勺子背研成泥状，然后把土豆泥分成两份，一份放入过滤胡萝卜，另一份放入过滤菠菜，最后将两份土豆分别放入布内，包制成团型，蒸10分钟即可	补充维生素，提高免疫力，提高肠道功能

续表

	食品名称	用料	制作	功效特点
10 ~ 12个月	煮白薯	中等大小白薯1个，苹果半个，水适量	把白薯、苹果洗干净去皮后切成薄片，先后放入锅内，加入少许水后用微火煮	补充能量，提高免疫力
	芝麻豆腐	豆腐1/6块，炒熟的芝麻、淀粉各1小匙	豆腐用开水烫后控去水分，研碎后加入炒熟的芝麻、淀粉，混合均匀后做成饼状，再用锅蒸15分钟即可	补钙佳品
	疙瘩汤	鸡蛋1个，面粉2大匙，切碎的葱头、胡萝卜、圆白菜各2小匙，肉汤1大匙	把鸡蛋和少量水放入面粉中，用筷子搅拌成小疙瘩，把切碎的葱头、胡萝卜、圆白菜放入肉汤内煮软后，再把面疙瘩一点一点放入肉汤中煮	提高宝宝免疫力，补充维生素A
	鱼肉糊	收拾干净的鱼肉100克，鱼汤、淀粉、水各少许	将鱼肉切成2厘米大小的块，放入开水锅内煮熟。然后除去骨刺和皮，放入碗内研碎，再放入锅内加鱼汤煮，把淀粉用水调匀后倒入锅内，煮至糊状即可	含有丰富的维生素A、维生素D和蛋白质，还含有较多的钙、磷、钾等矿物质
	苹果面包	面包粉3大匙，鸡蛋1/2个，发酵粉少许，苹果1/6个，色拉油适量	将面包粉和发酵粉和在一起，苹果切碎煮软。把鸡蛋调至起泡并与和好的面粉和苹果混合，然后放入涂有色拉油的容器中，蒸熟即可	补充蛋白质，提高免疫力
	肉松饭	软米饭1小碗，鸡肉末1大匙，胡萝卜1片	把鸡肉末放入锅内，边煮边用筷子搅拌，煮好后放在米饭上面一起焖，熟后切一片花形的胡萝卜放在上面作为装饰	提高免疫力，补充多种营养素

续表

	食品名称	用料	制作	功效特点
1～2岁	虾仁汤面	虾仁、火腿丁、鲜豌豆、淀粉、蛋清适量，面条150克	虾仁洗净，用蛋清、水淀粉抓匀，用油滑过，捞出，碗内放盐，浇上烧好的鸡汤；面条煮烂，把煮好的面捞到碗内；把虾仁、火腿、豌豆炒熟浇到面上	含丰富蛋白质，可以提高宝宝免疫力
	蛋麦糊	燕麦片60克，全脂奶粉5克，鸡蛋75克，白砂糖20克，水适量	将奶粉、糖放入锅内，倒入适量凉开水，搅拌均匀，再加入鸡蛋搅匀，备用。锅内倒入适量水煮沸，放入燕麦片及蛋乳液，搅匀，煮沸3分钟，成糊即可食用	香甜可口，富有营养。含有蛋白质、糖类、维生素A、B族维生素、维生素E、钾、铁、锌、硒等营养物质，可促进宝宝生长发育，有利于预防夜盲症、口角炎、贫血等
	虾皮紫菜蛋汤	紫菜10克，虾皮5克，鸡蛋1个，香菜5克，姜末2克，麻油2克，清水200克，精盐、葱花各少许	将虾皮洗净，紫菜洗净后撕成小块，鸡蛋磕入碗内打散，香菜洗净切成小段。锅内放油烧热，放入姜末、虾皮略炒一下，添水200克。烧沸后，淋入鸡蛋液，放入紫菜、香菜，加入少量麻油、精盐、葱花，盛入碗内即可	含蛋白质、钙、磷、铁、碘、维生素C等多种营养素，有清肺热的作用
	胡萝卜牛肉粥	大米50克，胡萝卜牛肉汤、煮烂的胡萝卜、盐适量	大米洗净，清水浸泡1小时，将胡萝卜压成蓉。除去胡萝卜牛肉汤上面的油，入锅烧开，放入米及浸米的水烧开，慢火煮成稀糊，再加入煮烂的胡萝卜搅匀，再煮片刻，加入盐调味	富含蛋白质、维生素A，有助于宝宝消化
	软煎鸡肝	鸡肝100克，面粉少许，鸡蛋清、精盐、植物油各适量	将鸡肝洗净，摘去胆囊，切成圆片，撒上精盐、面粉，蘸满蛋清液。锅内放油烧热，放入鸡肝，煎至两面呈金黄色即可	营养丰富，能补充维生素A、铁质等营养素，具有大补气血、益聪明目等作用

续表

	食品名称	用料	制作	功效特点
2～3岁	鲫鱼粥	鲫鱼1条，粳米50克，橘皮末适量，胡椒粉、酱、葱适量	将鲫鱼去鳞、洗净、剔去鱼骨。米淘洗后，与橘皮末、鲫鱼肉加清水煮。快熟时加胡椒粉、酱、葱调和	和肠胃，消水肿，提高食欲
	牛奶麦片粥	全麦片50克，牛奶150克，白糖50克，精盐少许	将麦片在清水中浸泡半小时。用文火煮15～20分钟后，加入牛奶、盐，继续煮15分钟，加入白糖，拌匀	养心安神，润肺通肠，促进新陈代谢
	小麦粥	小麦30～60克，粳米100克，大枣5枚	将小麦洗净后，加水煮熟，捞去小麦取汁，再加入粳米、大枣同煮；或将小麦捣碎，同枣、米煮粥食用	补脾胃，止虚汗，适用于幼儿中气不足所致的盗汗、脾虚泄泻等症状
	炒胡萝卜丝	胡萝卜适量，葱、姜、盐少许	将胡萝卜洗净切成细丝，葱、姜切成碎末。旺火起油锅，油热后放入胡萝卜丝，加入调料后改用文火煸炒，待快熟时，加一点温水和少量盐，胡萝卜丝软了便可起锅	滋味可口，营养丰富
	泥鳅炖豆腐	活泥鳅300克，豆腐250克，盐、葱、姜、味精、淀粉、清水适量	将活泥鳅除去鳃和内脏，洗净放入锅内，加盐、葱、姜、清水适量。用武火烧沸后，转用文火炖煮，至泥鳅五成熟时，加入豆腐，再至泥鳅熟烂时，加入水淀粉、味精即成	利湿清热，对水肿、食欲不振等症状效果较好
	咖喱鸡蛋	鸡蛋2个，花生油10克，葱丝、芹菜末、大蒜末、姜末各10克，咖喱粉5克，面粉5克，鸡汤、味精、盐各适量	先用花生油把鸡蛋炒熟，起锅待用。余下花生油烧热，放葱丝、芹菜末、大蒜末、姜末炒至黄色，再放咖喱粉、面粉，炒出香味，用烧开的鸡汤冲开，搅匀，放味精、盐，过滤后浇在鸡蛋块上	增强食欲，味鲜可口

图书在版编目(CIP)数据

3岁前吃对食物，孩子一生好体质／张峰著．—南京：江苏凤凰科学技术出版社，2015.12
ISBN 978-7-5537-5846-6

Ⅰ.①3… Ⅱ.①张… Ⅲ.①婴幼儿－食谱 Ⅳ.①TS972.162

中国版本图书馆CIP数据核字(2016)第000281号

3岁前吃对食物，孩子一生好体质

著　　者	张　峰
责任编辑	孙连民
全案策划	安雅宁
策划编辑	赵　娅
特约编辑	张凤莲
责任校对	郭慧红
出版发行	凤凰出版传媒股份有限公司 江苏凤凰科学技术出版社
出版社地址	南京市湖南路1号A楼　邮编：210009
出版社网址	http://www.pspress.cn
经　　销	凤凰出版传媒股份有限公司
印　　刷	北京市雅迪彩色印刷有限公司
开　　本	787mm×1092mm　1/16
印　　张	10
字　　数	167千字
版　　次	2016年3月第1版
印　　次	2016年3月第1次印刷
标准书号	ISBN 978-7-5537-5846-6
定　　价	45.00元

图书如有印装质量问题，可随时向我社出版科调换。

用心做好每一餐饭，让孩子不挑食、不过敏、不生病

milk
3岁前吃对食物，孩子一生好体质
milk